新型摆线针轮传动系统动力学特性的研究

单丽君　何卫东　著

U0209654

科学出版社

北京

内 容 简 介

本书以实例分析的方法，从理论与实验两方面详细地介绍针摆行星传动的动力学分析方法。本书内容包括环板式针摆行星传动模态分析、环板式针摆行星传动系统幅频特性分析、环板式针摆行星传动非线性动态特性分析、RV 针摆行星传动系统的传动特性及功率流分析、RV 减速器非线性键合图模型的建立、基于键合图法 RV 减速器动力学特性分析、参数变化对 RV 减速器动力学特性的影响、基于数值方程 RV 减速器非线性动力学建模、非线性动力学方程求解、RV 减速器的幅频特性分析、RV 减速器非线性动态特性分析、环板式针摆行星传动系统动力学实验。

本书可以为从事行星齿轮传动系统动态特性研究工作的专业人员提供可借鉴的实践经验和方法，也可以作为机械工程专业研究生的学习参考书。

图书在版编目（CIP）数据

新型摆线针轮传动系统动力学特性的研究 /单丽君，何卫东著. —北京：科学出版社，2019.11

ISBN 978-7-03-062598-4

Ⅰ. ①新··· Ⅱ. ①单··· ②何··· Ⅲ. ①摆线针齿传动-系统动态学-研究 Ⅳ. ①TH132.41

中国版本图书馆 CIP 数据核字（2019）第 225348 号

责任编辑：杨慎欣 张培静 / 责任校对：彭珍珍
责任印制：吴兆东 / 封面设计：无极书装

科 学 出 版 社 出版
北京东黄城根北街 16 号
邮政编码：100717
http://www.sciencep.com

北京中石油彩色印刷有限责任公司 印刷
科学出版社发行 各地新华书店经销
*

2019 年 11 月第 一 版 开本：720×1000 1/16
2020 年 1 月第二次印刷 印张：13 3/4
字数：277 000

定价：99.00 元
（如有印装质量问题，我社负责调换）

前　言

　　针摆行星传动系统是在传统的摆线传动和渐开线行星传动系统的基础上发展演变而来的新型传动形式，按传动结构不同分为环板式针摆行星传动、RV针摆行星传动、FA针摆行星传动等。与普通定轴齿轮传动相比，针摆行星传动具有传动比范围大、多齿啮合承载能力大、传动效率高、刚度大、抗冲击能力强、体积小、结构紧凑等一系列优点，被广泛应用于工业机器人、风电、船舶、采矿等国民经济很多领域。

　　针摆行星传动系统结构复杂，存在内外多种啮合形式，自由度较多，导致针摆行星传动系统存在复杂的内部、外部激励和多种非线性因素，进而引起系统动力学行为复杂化。系统运动过程中，需要不同齿形、多对齿轮的有序啮合、协调工作，任何一个零件损坏都会影响系统工作效率，即使没有零件失效，齿轮系统在外部、内部激励的作用下也会产生振动和噪声。外部激励是指齿轮系统的其他外部因素对齿轮啮合和齿轮系统产生的动态激励，主要指原动机、负载的转速转矩波动、轴承的刚度和阻尼的变化、零件质量不平衡产生的惯性力和离心力等因素对齿轮系统啮合状态产生的影响，进而影响系统传动的平稳性和传动精度。内部激励是指时变啮合刚度、啮入啮出冲击、齿侧间隙、传动误差、轮齿受载变形等激励因素共同作用，引起齿轮啮合振动，同时其振动受系统中的传动轴、其他传动齿轮、轴承、箱体等多种振动的影响，因此具有强非线性特点及耦合效应。剧烈的振动还会产生噪声，进而引发其他的故障。这些振动不仅会恶化设备的动态性能，降低设备原有的精度、生产效率和使用寿命，而且由振动所产生的噪声会带来环境污染。因而针摆行星传动系统动力学问题受到企业、高校科研人员的广泛关注，其动力学特性一直是学术界研究的热点和难点。特别是采用针摆行星传动系统的产品正朝着高速、重载、轻型、高精度和自动化方向发展，高精密产品对该传动系统的动态性能方面的要求更加严格，其在传动过程中产生的振动和噪声等动力学行为已成为工程领域迫切需要研究和解决的问题。齿轮系统动态特性的研究有助于深入了解系统的结构形式、主要激励、几何参数、加工精度对传动性能的影响，从而指导高质量、高精度针摆行星传动系统的设计和制造。因此，研究针摆行星传动的系统振动、冲击和噪声等动态性能具有重要意义。

　　摆线针轮行星传动系统动力学研究的目的是研究系统的固有特性、动态响应、动力稳定性及系统参数对齿轮系统动态特性的影响，确定和评价齿轮系统的动态特性，给齿轮系统的设计提供理论依据。本书以环板式针摆行星传动和RV针摆行星传动两种新型的传动形式为例，研究两者的固有频率、幅频振动特性、非线性动态响应、系统参数对系统动态响应的影响、振动与噪声实验测试。这两种传动形式相较于其他针摆行星传动具有明显的优势。环板式针摆行星传动是在分析比较以渐开线为齿形的环板式减速器和传统摆线针轮行星减速器各自优缺点的基础上研制出的一种新型摆线针轮行星传动。其特点是既保留了原摆线针轮行星传动的传动比范围大、硬齿面多齿啮合承载能力大、传动效率高、传动平稳等一系列优点，又因将转臂轴承由行星轮内移至行星轮外，尺寸不受限制，且省去了传统摆线针轮行星传动复杂的输出机构，具有较大的输出轴刚度，进一步提高传递转矩。而 RV 针摆行星传动具有传动比范围大、传动精度高、回差小、刚度大、抗冲击能力强、体积小、结构紧凑、传动效率高等特点。与谐波传动相比，RV 针摆行星传动具有更高的疲劳强度、刚度和寿命，且回差精度稳定，不像谐波传动那样随着使用时间增加运动精度就会显著降低，故目前世界上许多国家高精度设备的传动多采用 RV 针摆行星传动。RV 针摆行星传动在工业机器人领域的应用最为广泛，已成为工业机器人的三大核心技术之一。

本书具有以下特点：

（1）在实例分析的基础上详细地阐述采用有限元法、数值仿真计算、键合图法等不同的方法进行针摆行星传动动力学分析的具体实施步骤，对读者具有实战性的指导。

（2）详细地介绍针摆行星传动系统的典型的传动原理、结构形式、性能特点、动力学特性及分析方法，是针摆行星传动动力学研究的总结与凝练，为创造新型针摆传动形式提供研究基础。

（3）包含动力学分析的完整、详尽的全过程，即固有频率与振型的计算与分析、动力学模型的建立、运动微分方程的推导、运动微分方程的求解、振动响应的分析、系统参数对动态响应的影响及振动与噪声的实验测试。既有分析方法的分析与对比，又有分析过程中细节和难点的具体处理方法，为其他针摆行星传动动力学分析提供可借鉴的实践经验和方法。

本书在写作过程中得到了大连交通大学董华军教授、阎长罡教授、雷蕾副教授、施晓春副教授的热情支持和帮助，在此表示衷心感谢。本书能够出版得益于大连交通大学机械工程学院的大力支持和学院学科建设经费的资助，在此向大连交通大学机械工程学院的领导表示衷心感谢。

由于作者水平有限，书中难免存在不妥之处，恳请读者批评指正。

作　者

2019 年 5 月

目　　录

第1章 绪　　论

1.1 引　　言

　　针摆行星传动系统是行星传动的一种，是由摆线齿轮传动和渐开线齿轮传动组成的新型传动系统，这种传动系统具有传动比范围大、多齿啮合承载能力大、传动效率高、刚度大、抗冲击能力强、体积小、结构紧凑等一系列优点。但其结构复杂，存在内、外多种啮合形式，自由度较多，这就导致了系统存在复杂的内部、外部激励和多种非线性因素，进而引起系统动力学行为复杂化。针摆行星传动系统的振动与其他振动系统相比具有特殊性，虽然任何机械结构在外界激励下都可能产生振动，但除一般的振动形式外，系统还可能存在其他几种振动形式：啮合力、啮入啮出冲击、传递间隙、误差、变形引起的振动。这些振动，不仅恶化了设备的动态性能，降低了设备原有的精度、生产效率和使用寿命，而且由振动所产生的噪声会带来环境污染，因而针摆行星传动系统动力学问题一直受到人们的广泛关注，其动力学特性一直是学术界研究的热点和难点。特别是高精密产品对该传动系统的动态性能方面的要求更加严格，其在传动过程中产生的振动和噪声等动力学行为已成为工程领域迫切需要研究和解决的问题。系统动态特性的研究有助于人们了解齿轮系统的结构形式、几何参数及加工方法等对动态性能的影响，从而指导高质量齿轮系统的设计和制造。因此，研究针摆行星传动系统振动、冲击和噪声等动态性能具有重要的理论和实用价值。

1.2　国内外研究现状综述

　　摆线针轮传动是一种以外摆线为齿廓曲线的少齿差传动，分为一齿差和二齿差针摆行星传动，由于针摆传动理论上是摆线轮一半的齿参与啮合，啮合齿数多，因此具有传动比范围大、可靠性高、承载能力大、寿命高等特点。新型针摆行星传动系统是在传统的针摆行星传动的基础上，由渐开线齿轮传动和摆线齿轮传动组合而成的新的传动系统，主要传动形式有环板式针摆行星传动、RV 针摆行星传动和 FA 针摆行星传动等。

1.2.1 针摆行星传动

摆线齿廓应用于传动的历史，早于渐开线齿廓，主要用于轻载和测量分度领域，在早期的钟表中已出现了摆线齿廓传动。20 世纪 20 年代，德国人罗兰兹·普拉首次证明了采用圆弧和摆线齿廓作为共轭曲线进行传动时，完全满足齿廓啮合基本定理规定的定传动比条件，并根据啮合原理提出了以外摆线为齿廓曲线的少齿差传动。50 年代，日本住友重机械工业株式会社购买了此项专利并进行了改进，直到解决了摆线修形难题后针摆行星才在全世界范围内得到广泛的推广和应用。针摆行星传动的原理如图 1.1 所示，其零件组成如图 1.2 所示。

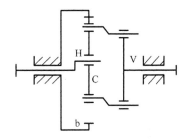

图 1.1　针摆行星传动原理简图

H-曲柄轴；C-摆线轮；b-针轮；V-输出机构

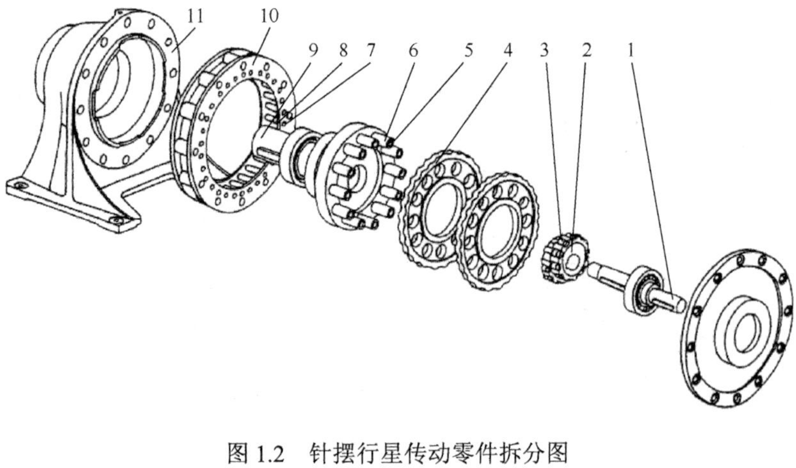

图 1.2　针摆行星传动零件拆分图

1-输入轴；2-双偏心套；3-转臂轴承；4-摆线轮；5-柱销；6-柱销套；

7-针齿销；8-针齿套；9-输出轴；10-针齿壳；11-底座

由于针摆行星传动具有体积小、重量轻、传动比范围大、传动效率高、同时啮合齿数多、传动平稳噪声小、过载能力较大等诸多优点，其应用在整个减速器行业中占有较大比例。

80 年代，法国人将针摆行星传动用于座椅调角器，发明了现在许多轿车上使用的无级式座椅调角器。图 1.3 为该调角器的传动结构简图，本质上为一齿差 2K-H针摆行星传动。将手柄与曲柄轴 H 相连，大针轮 b2 与机座相连，小针轮 b1 与椅背相连，旋转手柄，椅背仰俯角度可以进行无级调整。这种调角器机构最大的好处就是无须增加额外的自锁装置，就可以实现自锁，反映在功能上就是乘客靠在椅背上时，椅背不会往后倒[1]。

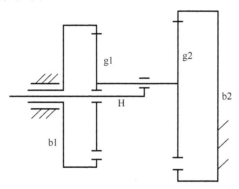

图 1.3　调角器传动结构简图

b1-小针轮；b2-大针轮；g1-小摆线轮；g2-大摆线轮

进入 20 世纪 90 年代，针摆行星传动主要应用在通用传动领域，之后随着研究的不断深入，其应用范围不断拓宽，在微机械、机器人传动装置、精密机械传动、超小型传动、宇航设备、测量仪器、住宅智能化和高技术设备等方面都有一定的应用。90 年代以后，针摆行星传动作为一种比较理想的传动形式应用在工业自动化机器人回转装置中。

日本住友重机械工业株式会社自从购买了德国人罗兰兹·普拉的摆线传动专利后，不断推出新的研究成果，使产品更新换代，相继生产了 80 系列、90 系列、200 系列、RV 系列、FA 高精传动系列。其产品发展的趋势是更高的运动精度、更大的传递功率、更广的传动范围。

我国自 20 世纪 70 年代中期开始研究生产针摆行星传动减速器以来，已经取得了巨大的发展。辽阳制药机械厂是全国最早生产摆线减速器的企业，在通用传动方面已经形成了包括 B 系列和 X 系列的比较完整的产品系列；在研究方面，破译了日本的保密齿形，在传动的修形、受力分析、新传动形式研究等方面都取得了进展。目前主要的研究机构有东北大学、大连交通大学、郑州机械研究所有限公司、辽宁科技大学、上海交通大学等科研机构和院校。

国内一些专家、学者在摆线传动理论方面进行了深入研究，取得了一些成果。如李力行教授提出了能概括各种齿形修形的通用的摆线轮齿形方程式和一种修形后工作部分符合共轭条件的摆线轮优化新齿形[2-7]；高兴岐教授提出了摆线针轮行星传动胶合失效的计算准则[8]；周建军研制了密珠摆线传动的物理样机[9-10]；关天民教授在回差、公法线长度和修形等方面进行了大量的分析研究，提出了摆线传动受力分析计算方法和反弓齿廓的概念[11-19]；王淑妍等建立了内啮合变截面摆线轮齿廓曲面曲率的统一表达式和平行轴内啮合行星传动的齿廓啮合方程[20-21]。

根据结构的不同，针摆行星传动分为一齿差针摆行星传动、二齿差针摆行星传动和小型针摆行星传动。

1. 一齿差针摆行星传动

一齿差针摆行星传动理论上同时参与啮合的轮齿对数为针轮齿数的一半。但在载荷的作用下，实际同时接触齿数少、齿面作用力和相对滑动速度大，导致针齿弯断、齿面胶合等破坏形式。为了解决齿面胶合问题，日本首先采用二齿差齿形增加摆线轮与针齿的同时啮合齿数和承载能力，避免了早期破坏和齿面胶合。

2. 二齿差针摆行星传动

其传动特点是同时啮合齿数多，承载能力大，滑动速度及瞬时摩擦功小，传动效率高，传动平稳、噪声小。对于低速比范围的摆线减速器，辽阳制药机械厂于1978年首先研制成功两台二齿差摆线针轮减速器，魏祥稚高工在我国率先对二齿差摆线针轮传动进行了成功的实践探索。郑州工学院冯澄宙教授也对二齿差摆线针轮传动原理、强度计算、短幅外摆线齿轮的公法线测量方法进行了研究。大连交通大学马英驹教授对二齿差摆线轮齿廓顶部曲线参数与复合齿形进行了优化计算[22]。

3. 小型针摆行星传动

小型针摆行星传动具有结构紧凑、体积小、质量轻、承载能力大和同轴性好等许多优点，可以广泛地应用于航空、航天、兵器、石油、化工、纺织、轻工食品、精密机械、医疗器械、仪器仪表、机器人和工业机械手以及高级电动玩具等各个领域。其传动结构如图1.4所示。关天民教授对超小型摆线针轮行星传动和受力分析进行研究，提出了较准确的受力分析计算方法，开发出超小型摆线传动减速器的设计绘图软件[23-24]。

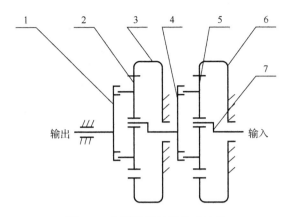

图 1.4　小型针摆行星传动结构

1-输出法兰；2-摆线轮；3-针齿轮 1；4-输出法兰；5-摆线轮；
6-针齿轮 2；7-曲轴与转臂轴承

1.2.2　环板式针摆行星传动

虽然针摆行星传动具有一系列优点，但仍存在以下问题：①转臂轴承处在高速重载下工作，轴承寿命较短；②输出机构中的销轴是悬臂式结构，受力不均匀，影响运动精度，且易产生折断破坏。

1956 年，我国著名机械学专家朱景梓教授根据双曲柄机构的原理提出了一种新型渐开线少齿差传动机构，其特点是当输入轴旋转时，行星轮不是作摆线运动，而是通过一双曲柄机构引导作圆周平动。1985 年，冶金工业部重庆钢铁设计研究院陈宗源高工提出了平行轴式少齿差内齿行星齿轮传动装置，即三环减速器。1992 年，重庆钢铁（集团）有限责任公司研制出了单齿环双曲柄输入少齿差减速器。这种以渐开线为齿形的单、双、三环板式减速器，传动比较大，比通用的渐开线少齿差减速器省去了输出机构，输出轴刚性好，转臂轴承由行星轮内移到行星轮外，但由于渐开线齿形原因，仍然保留着通用渐开线少齿差减速器的一些缺点。

环板式针摆行星传动是一种新型的传动形式，它是在分析比较以渐开线为齿形的环板式减速器和传统针摆行星减速器各自优缺点的基础上研制出的一种新型针摆行星传动。其特点是既保留了原针摆行星传动的传动比范围大、硬齿面多齿啮合承载能力大、传动效率高、传动平稳等一系列优点，又因将转臂轴承由行星轮内移至行星轮外，尺寸不受限制，且省去了传统针摆行星传动复杂的输出机构，具有较大的输出轴刚度，进一步提高传递转矩。因而它是一种很有研究开发价值的新型传动，在运输、石油化工、矿山、建筑、轻工等行业具有广泛的应用前景。

该传动从产生至今，学者们进行了大量的研究工作，在受力分析、齿形优化、静态性能等方面的研究已达到一定的理论深度，但对其动态性能的研究刚刚开始，而动态特性恰恰是影响整机性能的主要因素。目前绝大多数齿轮动力学方面的研究主要以单对齿轮传动研究为主，而且多是渐开线齿轮传动，对行星齿轮传动系统动态特性的研究甚少，特别是对环板式针摆行星传动动态特性的研究更少。因此，本书对环板式针摆行星传动动力学特性的理论与实验研究具有一定的理论意义和实用价值。

鉴于传统的针摆行星减速器和渐开线环板减速器的局限性，为提高机械传动装置的承载能力、传动效率和可靠性等指标，大连交通大学何卫东教授于 1999 年创新研制出一种新型的环板式针摆行星传动，同时具有渐开线环板和传统针摆行星传动的优点[25]。

双曲柄环板式针摆行星传动的结构形式主要有以下三种：同步带联动双曲柄四环板针摆行星传动（图 1.5）、输入轴与输出轴同轴线的三齿轮联动双曲柄四环板针摆行星传动（图 1.6）和双电机驱动双曲柄四环板针摆行星传动（图 1.7）[25-28]。

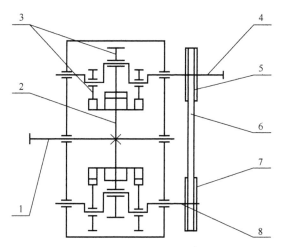

图 1.5　同步带联动双曲柄四环板针摆行星传动结构

1-输出轴；2-摆线轮；3-带针轮的环板；4-输入轴；5-主动同步带轮；
6-同步带；7-从动同步带轮；8-从动曲柄轴

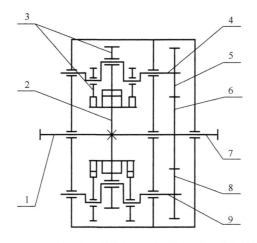

图 1.6 三齿轮联动双曲柄四环板针摆行星传动结构

1-输出轴；2-摆线轮；3-带针轮的环板；4、9-主动曲柄轴；
5、8-从动齿轮；6-主动齿轮；7-输入轴

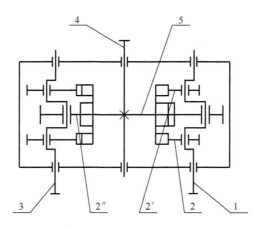

图 1.7 双电机驱动双曲柄四环板针摆行星传动结构

1、3-各由电机驱动的两根输入轴；2、2'-相位相同带针轮的环板；
2″-相位相同的二片带针轮的环板，与 2、2'相位差 180°；4-输出轴；5-摆线轮

1.2.3 RV 针摆行星传动

RV 针摆行星传动是一种新型的针摆行星传动，具有传动比范围大、传动精度高、回差小、刚度大、抗冲击能力强、体积小、结构紧凑、传动效率高等特点。与谐波传动相比，RV 针摆行星传动具有更高的疲劳强度、刚度和寿命，且回差精度稳定，不像谐波传动那样随着使用时间增长运动精度就会显著降低，故目前许

多国家高精度设备的传动多采用 RV 针摆行星传动，如工业机器人、数控机床、半导体设备、精密包装设备、焊接变位机、等离子切割、烟草机械、印刷机械、纺织机械、医疗器械、跟踪天线、雷达等。RV 针摆行星传动在工业机器人领域的应用最为广泛，已成为工业机器人的三大核心技术之一。

20 世纪 30 年代，德国人 L. Braren 在少齿差行星传动基础上发明了针摆行星传动。1939 年，日本住友重机械工业株式会社引入此项技术。20 世纪 80 年代，市场对机器人传动精度的要求不断提高，日本帝人制机株式会社在传统摆线针齿传动的基础上发明了 RV 针摆行星传动[29]。后来在韩国和中国也出现了研究机构或公司对 RV 针摆行星传动进行研究开发及生产。

以德国和日本的先进技术为代表，RV 针摆行星传动已经形成了不同承载能力、不同传动比的系列产品，其回差及传动精度小于 1′，能够满足不同的行业要求。日本帝人制机株式会社在 1986 年取得阶段性成果，实现了 RV 针摆行星传动的产业化，其生产销售也处于世界垄断地位，占据全球 60%左右的市场，但公司许多核心技术至今仍然处于保密状态。

我国对工业机器人用精密减速器的研究相比国外较晚，与国外先进技术相比存在一定的差距，严重制约了我国工业机器人的发展进程。20 世纪 90 年代，国内部分厂商和院校开始致力 RV 针摆行星传动的国产化和产业化研究，如重庆大学机械传动国家重点实验室、宁波中大力德智能传动股份有限公司、天津减速机股份有限公司、秦川机床集团有限公司、大连交通大学现代机械传动技术研究所等。且已取得了较大的成绩，较为突出是大连交通大学现代机械传动技术研究所李力行教授和何卫东教授 1995 年起承担了 1 项国家自然基金项目"机器人用新结构高精度摆线针轮传动设计理论与方法研究"和 2 项国家 863 计划项目"机器人用 RV-250A II 减速器""机器人用 RV 减速器工业化生产与可靠性研究"，并与秦川机床集团有限公司密切合作，总结出一整套适用于机器人用高运动精度、小回差、高刚性的 RV 传动的优化设计理论，并应用该理论成果成功地研制出我国第一台主要技术性能指标（运动精度、间隙回差、扭转刚度和传动效率）达到国际先进水平的机器人用 RV-250A II 减速器样机。该研究成果已通过了 863 专家组织的验收，于 1999 年通过了 863 专家组委托辽宁省科委组织的鉴定，意见为"本研究成果所提出的机器人用高精度 RV 传动的优化设计理论与优化新齿形以及研制的 RV-250A II 样机属国内首创，样机的主要技术性能达到九十年代国际同类产品的先进水平"[30]。该研究所还承担了教育部新世纪优秀人才项目"机器人用 RV 传动非线性动力学理论与技术研究"。2014 年承担国家自然基金项目"机器人 RV 传动动态传动精度设计理论与方法研究"，系统研究动态传动各主要影响因素与整机传动精度关系的机理。

虽然国内已取得一些成果，但是在精度、寿命、传动效率等方面与国外相比仍存在一定差距，一些企业生产的 RV 减速器传动精度不稳定，只有少量应用于工业机器人。

　　RV 针摆行星传动的简图如图 1.8 所示，其结构如图 1.9 所示。RV 针摆行星传动的传动原理：在传动过程中，太阳轮 1 与驱动电机输入轴相连，当电机带动太阳轮逆时针方向旋转时，太阳轮与三个互成 120°的行星齿轮 2 啮合，完成了第一级减速；而行星轮 2 在绕太阳轮轴心公转的同时还将顺时针方向自转，作为第二级减速部分的输入，行星轮与曲柄轴 3 固连，两片摆线轮 4 铰接在三根曲柄轴上，并与针齿轮内啮合，两片摆线轮的相位差为 180°，行星轮顺时针自转使摆线轮发生了偏心运动，当针齿轮固定时，摆线轮在绕针齿轮中心公转的同时，还将反向自转，即逆时针旋转；曲柄轴通过支承轴承推动输出轴 6（即行星架）逆时针转动，将摆线轮上的自转转速以 1∶1 的转速比转化为输出[30]。

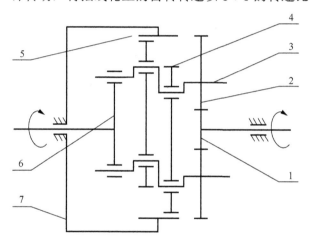 

图 1.8　RV 针摆行星传动简图　　　　　图 1.9　RV 针摆行星传动结构图

1-太阳轮；2-行星轮；3-曲柄轴；4-摆线轮；
5-针轮；6-行星架；7-针齿壳

1.2.4　FA 针摆行星传动

　　FA 针摆行星传动在工业机器人等高精传动领域应用广泛，其结构如图 1.10 所示。与传统的针摆行星传动相比，FA 针摆行星传动具有以下特点：

　　（1）针齿采用卧枕式安装结构，可以完全避免针齿的弯曲破坏和弯曲刚度过低引起的破坏形式，取消了针齿套，传动效率稍低，但可用于传动比较大的场合。无套针齿尺寸可以做得更小，可避免大速比下摆线轮齿廓的干涉。

　　（2）FA 针摆行星传动属于差动机构可以实现 6 种传动比，而传统结构只能有减速和增速两种传动比。

（3）转矩大幅度增加。

（4）FA 传动采用了参数优化、均衡设计和可靠性设计等新理论及方法，使结构更加合理可行。

大连交通大学关天民教授对 FA 系列摆线传动的偏心方向、摆线轮修形方式、参数优选等技术难题进行了研究，提出了一套摆线轮齿形修形下的齿面受力分析理论[31-34]。

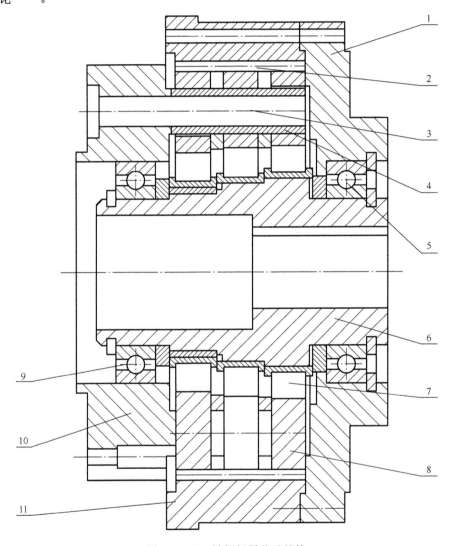

图 1.10　FA 针摆行星传动结构

1-法兰盘；2-针齿；3-柱销；4-柱销套；5-轴承；6-偏心体；7-转臂轴承；
8-摆线轮；9-轴承；10-柱销固定盘；11-针齿壳

1.2.5　齿轮动力学的研究现状

1. 齿轮传动非线性影响因素

在齿轮系统中包含了许多非线性因素，如齿侧间隙、滚动轴承和滑动轴承的间隙、传动误差、时变啮合刚度等，其中，齿侧间隙、传动误差和时变啮合刚度是三大主要激励。这些非线性因素是导致系统异常振动的主要内部激励形式，在实际传动系统中，引起灾难性事故的原因常常是系统的异常振动，因此必须对其动力学行为进行详细研究。

1）齿侧间隙与传动误差

由于润滑、安装、加工及磨损等原因，齿轮啮合不可避免地存在间隙和传动误差，导致轮齿间接触、脱离、再接触的重复冲击，从而引发强烈的振动、噪声及较大的动载荷，影响齿轮传动的寿命和可靠性。

2）时变啮合刚度

在齿轮啮合过程中，啮合综合刚度随啮合齿对数的不同和齿廓啮合位置的不同而随啮合时间出现周期性的变化。由于啮合力是轮齿接触刚度和接触变形共同作用的结果，因此，时变啮合综合刚度会使齿轮产生动态啮合力，使系统产生振动激励。

人们总是试图将齿侧间隙、传动误差和时变啮合刚度等非线性因素的影响用线性方法求解，但这种动态行为是无法用线性振动理论解释的，必须采用非线性振动理论和方法对系统的动力学行为进行研究[35]。

2. 齿轮系统非线性动力学分析方法

齿轮系统非线性动力学的研究始于 1967 年 K. Nakamura 的研究，自 20 世纪 70 年代至今，人们围绕齿轮动力学提出了许多复杂的模型，包括时变啮合刚度、系统中各组成元件的非线性、轮齿间摩擦力、阻尼以及激励效应，探讨了多种求解非线性动力学方程的方法。根据文献[36]，齿轮系统的非线性动力学按分析的方法分为解析方法、数值方法、实验和有限元模拟方法、考虑齿面摩擦及齿面故障、键合图模型。

1）基于解析方法的齿轮系统的非线性动力学

解析方法分为谐波平衡法、基于分段技术的解析法和增量谐波平衡法。

（1）谐波平衡法。所谓谐波平衡法是利用描述函数近似表示间隙非线性，假设激励和响应均为谐波函数，代入非线性方程后，利用同次幂系数相等的条件，求出响应幅值和相位的近似表达式。谐波平衡法的最大优点在于对模型非线性程度的强弱没有任何限制，而且可以得到整个频段中的响应值。

1990 年，Kahraman 等[37]最早采用谐波平衡法建立了含间隙但不包含时变啮合刚度的直齿轮系统的非线性模型，并用析解法得到了幅频曲线，研究了各种参数对系统响应的影响，利用数值方法分析了系统可能存在的混沌运动。1991 年，Kahraman 等[38]建立了包含滚动轴承间隙、齿侧间隙的直齿圆柱齿轮-转子轴承系统的 3 自由度非线性动力学模型，应用谐波平衡法和数值仿真方法研究了简谐形式的静态传递误差和波动转矩激励下齿轮转子系统的非线性动力学行为，发现了系统中存在复杂的亚谐运动、拟周期运动、混沌响应及通向混沌的路径，但Kahraman 等在研究中采用了与实际情况不相符合的线性时不变啮合刚度假设。在文献[39]中，Kahraman 等研究了包含时变啮合刚度和轴承间隙的 3 自由度齿轮动力学系统模型，分析了轴承和齿轮的相互耦合作用。

Kahraman 的这三篇经典文献为以后的齿轮动力学的研究奠定了坚实的基础，90 年代中后期至今的很多论文都参考了 Kahraman 的研究成果。如 Padmanabhan 等[40]利用谐波平衡法研究了齿轮系统的谱结构，解释了实验过程中发现的谱耦合现象。

（2）基于分段技术的解析法。所谓分段技术是将齿轮非线性系统按照区间进行分块，把每个小区间看成时变线性系统进行求解。Kahraman 等[41-42]、Natsiavas 等[43]将分段技术应用于非线性齿轮系统的求解。2000 年，Natsiavas 和 Theodossiades 基于分段技术，采用多尺度法求得齿轮时变系统的二阶近似解，确定了稳态振幅和相位[44-45]。

2001 年，Dooren[46]研究了齿轮传动非线性系统的混沌和分叉的现象。

2001 年，Andersson[47]基于矩形时变刚度假设，建立了忽略摩擦的单自由度扭转振动方程，采用逐段线性分析求解方法，研究了重合度对齿轮动态响应的影响。

（3）增量谐波平衡法。增量谐波平衡法是 1992 年 Lau 等[48]最早提出的，该方法的特点是对于一般的非线性系统可以方便地求取任意阶近似解。2002 年，Xu 等[49]采用增量谐波平衡法研究了具有分段线性阻尼的非线性系统的动力学，得到了系统解的统一形式。2005 年，高阳等[50]根据最小二乘法原理和增量过程提出了一种改进的收敛速度快的增量谐波平衡算法。

2）基于数值方法的齿轮系统的非线性动力学

数值方法即数值积分方法，数值方法分为单步法和多步法。单步法是从一个已知点求得下一点的数值解的方法，如 Euler 法、龙格-库塔法、Gill 法等。多步法是根据若干个已知点的近似解推算一个新点的近似解，如 Admas-Bashforth 预测法、Admas-Moulton 校正法等。

数值方法按求解方法的性质，又可分为时域法和频域法。时域法是系统响应在时域的描述，研究系统动态特性随时间的变化规律，通过求解系统的稳定周期响应求解啮合力、啮合冲击、齿轮的浮动等。频域法是系统响应在频率域中的描述，阐明系统动态性能与各频率成分间的关系。

1995 年，李立等[51-52]应用求周期解的数值计算方法——打靶法和判定周期解稳定性的乘子研究了齿轮-转子-滑动轴承系统中齿轮啮合时变刚度，滑动轴承非线性特性对转子系统不平衡响应和失稳的影响。他们提出了一种求非线性转子-轴承系统瞬态响应的分块直接积分法，该方法把隐式直接积分法需迭代求解的高维非线性代数方程降到一个低维非线性代数方程，从而比普通直接积分法的求解时间减少了许多。2003 年，沈允文、王三民和刘晓宁等基于数值方法，考虑齿面侧隙和时变啮合刚度等因素建立了多自由度的非线性振动方程，研究了系统模型的周期响应，包括稳定和不稳定的周期轨道，并利用 Floquet 理论研究其稳定性、分岔类型，研究了系统通向混沌的倍周期分岔道路和拟周期分岔道路[53-56]。

3）基于实验和有限元模拟方法的齿轮系统的非线性动力学

1998～2000 年，孙涛等[57]和沈允文等[58]结合模态应变能理论与 20 结点有限元方法，提出了一种附加黏弹性阻尼结构损耗因子的计算模型和方法。他们研究了齿轮结构固有特性，建立了齿轮的弹性体力学模型，按照厚壁板理论建立了弹性体振动微分方程，分析了齿轮本体弹性振动固有特性，并与实验结果进行了对比分析。2001～2003 年，李润方等[59-62]提出了一种有限元法和实验模态分析相结合用以建立齿轮传动系统的模态坐标模型和物理坐标模型的方法，采用有限元方法模拟了时变刚度激励、误差激励和啮合冲击三种激励的振动响应。

2002 年，Baud 等[63]将解析方法与实验方法结合，研究了斜齿轮系统的动态载荷。2002 年，李素有等[64]建立了考虑斜齿轮副的啮合综合误差、齿侧间隙和时变啮合刚度的斜齿轮副间隙型非线性扭振模型，采用三维有限元法计算了斜齿轮副啮合刚度，用三次样条插值拟合得到时变啮合刚度函数，用数值方法对系统的非线性动力学微分方程进行了求解，获得了斜齿轮副在外转矩作用下受静态传动误差激励的非线性稳态强迫响应。2003 年，Andersson 等[65]建立了一个新的斜齿轮动力学模型，该模型可以更精确地确定斜齿轮的动载荷，计算结果与实验吻合良好。

4）考虑齿面摩擦及齿面故障的齿轮系统的非线性动力学

1999 年，孙涛等[66]通过分析阻尼环与齿轮之间摩擦力对齿轮加速度幅值的影响，找到了减振效果最佳时所应施加的摩擦力，为设计有效的阻尼环减振器解决了一个技术关键问题。2000 年，Velex 等[67]用实验方法和数值积分研究了齿面摩擦对直齿轮和斜齿轮动力学的影响。2001 年，Howard 等[68]建立了考虑齿面摩擦因素影响的动力学模型，推导了 16 自由度的运动方程，并采用 MATLAB 进行求解，得到了系统在多种工况下的响应。Vaishya 等[69-70]建立了包含时变刚度、黏性阻尼及滑动摩擦的齿轮动力学模型，采用分段技术建立了描述齿轮副扭转振动的计及啮合摩擦的单自由度线性时变微分方程，并进行精确积分求解，借助 Floquet 理论研究了摩擦对齿轮动力学行为的影响。2002 年，王三民等[71]建立了计及摩擦、间隙及时变刚度等因素的直齿轮副非线性动力学模型，用 5～6 阶变步长龙格-库塔法求得系统的各类周期响应和混沌响应，研究发现摩擦导致系统提前进入混沌，但混沌的程度有所降低。

5）基于键合图模型的齿轮系统的非线性动力学

键合图理论将各元件按照一定逻辑关系连接起来，使复杂的工程系统简化为数学形式的键合图模型。近年来，这种方法在齿轮系统非线性动力学的研究中得到一些应用。例如，李庆凯等[72]利用键合图能量守恒和功率流动的特点，将键合图理论应用于封闭式行星轮的功率流分析；赵磊[73]基于键合图建立了包含齿面摩擦系数的面齿轮传动系统模型和轴支撑模型，推导出了综合考虑齿面摩擦、齿面温度变化、时变啮合刚度、传递误差、啮合阻尼等因素的面齿轮传动系统 6 自由度耦合非线性动力学方程，研究了面齿轮传动系统的无量纲啮合频率、齿面摩擦系数、齿面温升和负载转矩的动态变化规律；钱瞻[74]建立了风力发电系统中风轮转换系统、传动链系统、功率变换器和发电机的键合图模型，采用基于时间因果图的键合图故障诊断方法推导出了各部分的解析冗余式和故障特征矩阵，为系统的故障诊断提供了基础。

3. 行星齿轮传动系统非线性动力学发展历程

按传动形式，齿轮非线性动力学又分为单对齿啮合的齿轮动力学和行星齿轮系统动力学。前文所述的齿轮非线性动力学研究成果基本上都是对单齿啮合考虑时变啮合刚度、摩擦和传递误差的非线性动力学研究。相对于单齿啮合，行星齿轮传动是多自由度、多间隙强非性系统，因此，其动力学研究难度更大，特别是在考虑时变啮合刚度、误差、齿侧间隙等因素的影响时非线性响应特性更为复杂。1994 年，Kahraman、Saada 和 Velex 等开始对行星齿轮系统进行研究，并相继发表了他们对行星齿轮传动动力学的研究结果[75-82]。

从 1999 年开始，沈允文、孙智民和孙涛等对 2K-H 型行星齿轮系统和星形齿轮传动系统的动态特性进行研究，建立了考虑啮合综合误差、齿轮啮合间隙和时变啮合刚度等多种非线性因素的动力学分析模型，利用时间历程、相平面、Poincaré 映射及快速傅里叶变换频谱阐述了多自由度非线性传动系统的简谐、非谐单周期、次谐波、准周期和混沌响应的动力学特性[83-96]。

2005 年至 2009 年，鲍和云等[97-100]对两级星型齿轮传动系统的均载和非线性动态特性进行了分析，建立了考虑各构件的制造误差与安装误差的两级星型齿轮传动系统的动力学均载分析模型，对由制造误差与安装误差引起的动态不均载特性进行了动力学分析。他们建立了考虑系统的综合啮合误差、时变啮合刚度以及齿侧间隙等因素的两级星型齿轮传动系统的非线性动力学分析模型，采用数值方法对多间隙多自由度非线性微分方程组进行了求解。他们又研究了间隙对两级星型齿轮传动系统的动态特性的影响及两级间隙值分别单独作用时系统的动态特性。

2007 年至 2009 年，杨振和王三民等以倾转旋翼机发动机短舱内的传动系统为研究对象，建立了它的动力学模型和动态响应方程，分析了倾转旋翼机旋翼在起降、巡航和过渡三种状态下的激励特性，并针对三种状态下旋翼激励的特点对传动系统动态响应进行了数值求解，研究了倾转旋翼机传动系统弯-扭耦合振动特性[101-104]。Bahk 等[105]采用纯扭转模型，研究了单级行星齿轮系统的非线性动力学特性。

2009 年，Wang 等[106]基于风力发电行星传动齿轮箱的结构特点，建立了多级系统刚柔耦合多体动力学模型，并耦合进滚动轴承的非线性效果，对系统进行了动态特性分析。

2010 年，朱恩涌等[107]建立了一种考虑摩擦力、时变啮合刚度、齿侧间隙和综合啮合误差的 2K-H 型行星齿轮平移-扭转耦合非线性动力学模型，推导了变参数和多自由度的动力学微分方程组，得到了考虑滑动摩擦力影响时系统的振动响应。

2013 年，林腾蛟等[108]针对圆柱齿轮-螺旋锥齿轮-行星齿轮传动系统建立了非线性动力学模型，分析了齿侧间隙与负载转矩对负载的分岔特性影响。

2016 年，王鑫[109]采用集中质量法，基于单级齿轮、两级齿轮、行星齿轮传动系统的动力学模型，建立了行星轮多级齿轮传动系统的动力学模型。对比单级与多级系统的分岔与混沌特性变化，揭示了行星轮多级齿轮传动系统的非线性啮合特性，分析了各级齿轮对其他齿对及系统的影响规律，实现了行星轮多级齿轮传动系统各级齿轮的特征提取。

2017 年，张将等[110]以轮毂电机行星齿轮减速器为研究对象，以二状态模型描述行星齿轮支撑处间隙副的接触状态及碰撞摩擦特性，建立了考虑支撑间隙的行星轮系非线性动力学方程，分析了支撑间隙值大小对行星齿轮系统动力学特性的影响。

2018 年，李同杰等[111]在综合考虑了滑动轴承非线性油膜力以及行星轮系齿侧间隙等非线性因素的基础上，建立了滑动轴承-行星齿轮耦合系统的非线性动力学型，通过数值仿真方法研究了滑动轴承-行星齿轮耦合系统的非线性动力学特性。

1.3　本书的主要内容

本书选取环板式针摆行星传动、RV 针摆行星传动为例，从系统建模、动力学方程求解、动力学特性分析等方面，研究了系统的固有模态、幅频特性、非线性动态响应、系统参数对动态响应的影响、振动与噪声实验测试等动力学特性。

具体研究内容如下：

（1）第 2 章采用有限元法对环板式针摆行星传动的典型零件和输入轴系进行模态分析，得到典型零件和输入轴系的固有频率和振型。同时，分别采用实验模态和传递矩阵方法测试和计算典型零件和输入轴系的固有频率。典型零件和输入轴系的模态分析为后续动力学分析做好准备，是分析系统动态特性的基础和判定振动影响因素的主要依据。

（2）第 3 章建立环板式针摆行星传动系统的非线性动力学分析模型，模型考虑时变啮合刚度、误差和齿侧间隙等因素的影响，推导出系统的运动微分方程组、对系统运动微分方程进行无量纲处理，采用 Broyden 法求解系统的微分方程，绘制系统的幅频特性曲线，分析环板与摆线轮啮合处的阻尼、误差和时变啮合刚度对系统幅频曲线的影响。

（3）第 4 章分析环板式针摆行星传动的系统的非线性动态特性。采用数值方法对多间隙多自由度非线性微分方程组进行求解，研究系统在激励频率和误差激励作用下系统的稳态响应，系统的稳态响应表明激励频率和误差是引起系统非线性振动的两大主要因素。分析齿侧间隙对系统非线性动态特性的影响，随着间隙增大系统载荷分布不均匀现象加剧，因此应该合理控制齿侧间隙的范围。

（4）第 5 章基于转化机构法对 RV 减速器的传动比及各传动部件的理论转速进行计算。分析 RV 减速器的功率流向，分析表明 RV 减速器属于功率分流型传动，系统内部没有循环功率，传动效率比较高。将功率流分析与传动效率分析有机结合起来，深化对 RV 传动的认识。

（5）第 6 章综合考虑太阳轮与行星轮的齿侧间隙、时变啮合刚度、综合啮合误差等非线性因素的影响，基于键合图理论及 RV 减速器的功率流向，建立 RV 减速器的非线性键合图模型，以容性元件的广义位移和惯性元件的广义动量为状态变量推出系统的状态方程。

（6）第 7 章基于 MATLAB/Simulink 对 RV 减速器进行动力学仿真分析，得到系统输出转速、输出角加速度、输出转矩以及各部件的角速度、角加速度随时间变化曲线，并且分析引起曲线振荡的原因。角速度仿真结果和理论计算值相比误差很小，验证所建 RV 减速器键合图模型的正确性，为进一步分析参数变化对系统动力学特性的影响奠定基础。

（7）第 8 章分析齿侧间隙、阻尼和负载对系统动力学特性的影响。主要分析系统输出角加速度的影响，结果表明，在一定齿侧间隙范围内，其对启动阶段影响较大，随间隙增大，引起的滞后相应增大，达到稳定状态时，间隙越大，加速度振荡的幅值越大。对齿侧间隙的分析结果表明，随着齿侧间隙的逐渐增大，加速度的振幅从小逐渐增大到较大的值，然后减小到一定值，变化不再明显。

（8）第 9 章应用集中质量法建立 RV 减速器的非线性动力学模型；根据所建的模型通过拉格朗日方程推导出来系统的运动微分方程；通过坐标转换把复杂的非线性运动微分方程转化为矩阵的形式，以便于后面的求解计算；对方程进行无量纲化处理，以减少方程中的数量级，把方程变为数学方程以便于后面的数学处理。

（9）第 10 章采用多自由的解析谐波平衡法进行求解。本章给出求解中涉及的激励形式、响应形式以及非线性函数形式，并把上一章求得的刚度矩阵写成平均分量与一次谐波分量的形式以便于求解。因为方程是一个复杂的非线性运动微分方程，用多自由度解析谐波平衡法求得的微分方程组无法直接求解，所以本章运用 Broyden 法对微分方程组进行数值求解，并给出方程的雅可比矩阵。

（10）第 11 章研究 RV 减速器的幅频特性。根据求解得到的系统频响曲线分析齿侧间隙对系统频响特性的影响，还分析了啮合刚度、误差和阻尼等参数的变化对系统幅频特性的影响。

（11）第 12 章运用多自由度解析谐波平衡法计算分析啮合刚度、误差及阻尼对非线性系统动态特性的影响，还应用自适应龙格-库塔法计算分析阻尼与频率变化时系统混沌的产生过程。本章所得到的结论如下：随着系统无量纲角频率的增加，系统由无冲击的周期运动变为有双边冲击的混沌运动，随之又变为有冲击的周期运动。随着系统阻尼的不断减小，系统经由倍周期分叉运动逐渐发生了混沌。系统的冲击也随之发生变化，由无冲击与单边冲击共存的状态变成无冲击、单边冲击与双边冲击三种冲击共存的状态。

（12）第 13 章采用实验方法对双电机驱动的四环板针摆线行星减速器的振动和噪声进行测试，分别测试了载荷一定、转速不同以及转速一定、载荷不同两种工况下的振动和噪声频谱。振动测试结果与第 2 章模态测试实验结果进行分析对比。

参 考 文 献

[1] 蒙运红. 2K-H 型摆线针轮行星传动性能理论的研究. 武汉：华中科技大学，2007.

[2] 李力行，洪淳赫. 摆线针轮行星传动中摆线轮齿形通用方程式的研究. 大连铁道学院学报，1992，13(1):7-12.

[3] 万朝燕，李力行. 修制磨削摆线轮齿形砂轮过程中金刚轮圆头中心轨迹的寻求. 大连铁道学院学报，1999，20(2):8-9.

[4] 万朝燕，李力行. 二齿差摆线针轮减速器针齿壳内曲线参数优化. 机械工程学报，2003，36(6):124-127.

[5] 李力行，关天民，王子孚，等. 摆线针轮行星传动的计算机辅助设计. 大连铁道学院学报，1992，13(1):23-32.

[6] 万朝燕，李力行. 摆线针轮减速器针齿壳内曲线参数的优化. 大连铁道学院学报，1992，13(1):48-52.

[7] 万朝燕，关天民. 摆线针轮行星传动参数优化. 大连铁道学院学报，1992，13(1):42-47.

[8] 高兴岐. 摆线针轮行星传动胶合失效的计算准则. 机械传动，1992，18(3):11-17.

[9] 周建军. 摆线钢球行星传动. 杭州电子工业学院学报，1996，16(2):35-43.

[10] 周建军，梁舟志. 基于数字样机技术的密珠摆线减速器开发. 电子机械工程，2002，18(2):11-13.

[11] 关天民，万朝燕. 三片摆线轮新型针摆传动及其受力分析. 大连铁道学院学报，1999，20(3):48-51.

[12] 关天民，范英，刘彬. 修磨摆线轮时出现的三种现象的分析. 组合机床与自动化加工技术，2000(6):46-49.

[13] 关天民，雷蕾，施晓春. 摆线针轮行星传动减速器可靠性评价体系的研究. 机械工程学报，2001，37(12):54-57.

[14] 关天民. 摆线针轮行星传动销孔式输出机构受力的准确计算方法. 机械传动，2000，24(3):4-5.

[15] 关天民. 摆线针轮行星传动中修形所产生的回转误差计算与分析. 组合机床与自动化加工技术，2001(10):15-17.

[16] 关天民，孙英时，雷蕾. 二齿差摆线针轮行星传动的受力分析. 机械工程学报，2002，38(3):59-62.

[17] 关天民，李力行，单丽君. 摆线轮检测中公法线长度的计算与确定. 大连铁道学院学报，2002，23(1):27-30.

[18] 关天民. 摆线针轮行星传动中摆线轮最佳修形量的确定方法. 中国机械工程，2002，13(10):811-813.

[19] 关天民，张东生. 摆线针轮行星传动中反弓齿廓研究及其优化设计. 机械工程学报，2005，41(1):151-156.

[20] 王淑妍，陈兵奎. 变截面摆线传动的齿廓曲率研究. 机械传动，2008，32(4):8-12.

[21] 王淑妍，陈兵奎. 双圆盘变截面摆线传动啮合原理. 机械科学与技术，2008，27(8):1025-1030.

[22] 马英驹，孙应时，关天民. 二齿差针摆行星传动中摆线轮等效代换齿廓的试验研究. 大连铁道学院学报，1999，20(1):19-22.

[23] 关天民，孙英时. 超小型摆线针轮行星传动及其受力分析的研究. 机械设计与制造，2001(5):64-66.

[24] 关天民，雷蕾. 超小型摆线针轮行星传动减速器参数确定及其绘图软件的开发. 机械传动，2002，26(4):46-49.

[25] 何卫东，李欣，李力行. 双曲柄环板式针摆行星传动的研究. 机械工程学报，2000，36(5):84-88.

[26] 何卫东，李欣，李力行. 三齿轮联动双曲柄双环板式针摆行星传动受力分析. 大连铁道学院学报，2005，26(1):20-25.

[27] 何卫东，王善梅，李力行. 双曲柄环板式针摆行星传动的参数优化. 大连铁道学院学报，2005，26(1):15-19.

[28] 何卫东，李欣，李力行. 双电机驱动双曲柄四环板式针摆行星传动研究. 大连铁道学院学报，2005，26(1):5-10.

[29] 张丰收，祝鹏. 减速器传动精度的研究. 机械设计，2015，32(4):1-3.

[30] 何卫东，李欣，李力行. 机器人用高精度 RV 减速器摆线轮的优化新齿形研究. 中国机械工程，2000，16(7):561-569.

[31] 关天民，雷蕾，孙英时，等. FA 新型摆线针轮行星传动装置的反求设计. 中国机械工程，2003，14(1):65-71.

[32] 关天民，张东生，雷蕾. FA 新型摆线针轮行星传动受力分析方法与齿面接触状态有限元分析. 机械设计，2005，22(3):31-34.

[33] 关天民. FA 型摆线针轮行星传动齿形优化方法与相关理论的研究. 大连：大连交通大学，2005.

[34] 关天民，张东生. 针摆传动回转精度分析. 机械设计与制造，2004(3):90-91.

[35] 孙智民. 功率分流齿轮传动系统非线性动力学研究. 西安：西北工业大学，2002.

[36] 申永军，杨绍普，李伟. 齿轮系统非线性动力学研究进展及展望. 石家庄铁道学院学报，2005，18(4): 5-8.

[37] Kahraman A, Singh R. Non-linear dynamics of a spur gear pair. Journal of Sound and Vibration, 1990, 142 (1): 49-75.

[38] Kahraman A, Singh R. Non-linear dynamics of a geared rotor-bearing system with multiple clearances. Journal of Sound and Vibration, 1991, 144(3): 469-506.

[39] Kahraman A, Singh R. Interactions between time-varying mesh stiffness and clearance non-linearities in a geared system . Journal of Sound and Vibration, 1991, 146(1): 135-156.

[40] Padmanabhan C, Singh R. Spectral coup ling issues in a two-degree-of freedom system with clearance non-linearity. Journal of Sound and Vibration, 1992, 155(2): 209-230.

[41] Kahraman A. Free torsional vibration characteristics of compound planetary gear sets. Mechanism and Machine Theory, 2001, 36(8): 953-971.

[42] Kahraman A, Blankenship G W. Experiments on nonlinear dynamic behavior of an oscillator with clearance and eriodically time-varying parameters. Journal of Applied Mechanics, 1997, 64(1): 217-226.

[43] Natsiavas S, Theodossiades S, Goudas I. Dynamic analysis of piecewise linear oscillators with time periodic coefficients. International Journal of Non-Linear Mechanics, 2000, 35(1): 53-68.

[44] Natsiavas S, Theodossiades S. Non-linear dynamics of gear-pair systems with periodic stiffness and backlash . Journal of Sound and Vibration, 2000, 229(2): 287-310.

[45] Theodossiades S, Natsiavas S. Periodic and chaotic dynamics of motor-driven gear-pair systems with backlash. Chaos, Solitons and Fractrals, 2001, 12(13): 2427-2440.

[46] Dooren R V. Comments on "non-linear dynamics of gear-pair systems with periodic stiffness and backlash". Journal of Sound and Vibration, 2001, 244(5): 899-903.

[47] Andersson A. Analytical study of effect of the contract ratio on the spur gear dynamic response. Journal of Mechanical Design, 2000, 122: 508-514.

[48] Lau S L, Zhang W S. Nonlinear vibrations of piecewise-linear systems by incremental harmonic balance method. Journal of Applied Mechanics, 1992, 59(1): 153-160.

[49] Xu L, Lu M W, Cao Q. Nonlinear vibrations of dynamical systems with a general form of piecewise- linear viscous damping by incremental harmonic balance method. Physics Letters A, 2002, 301(1-2): 65-73.

[50] 高阳, 王三民, 刘晓宁. 一种改进的增量谐波平衡法及其在非线性振动中的应用. 机械科学与技术, 2005, 24(6): 663-665.

[51] 李立, 郑铁生, 许庆余. 齿轮-转子-滑动轴承系统时变非线性动力特性研究. 应用力学学报, 1995, 12(1): 15-24.

[52] 李立, 许庆余, 郑铁生. 非线性转子-轴承系统瞬态响应求解的分块直接积分法. 振动工程学报, 1996, 9(1): 64-67.

[53] 王三民, 沈允文, 董海军. 含间隙和时变啮合刚度的弧齿锥齿轮传动系统非线性振动特性研究. 机械工程学报, 2003, 39(2): 28-31.

[54] 刘晓宁, 王三民, 沈允文. 三自由度齿轮传动系统的非线性振动分析. 机械科学与技术, 2004, 23(10): 1191-1193.

[55] 刘晓宁, 沈允文, 王三民, 等. 基于OGY间隙非线性齿轮系统混沌控制. 机械工程学报, 2005, 41(11): 26-31.

[56] 刘晓宁, 沈允文, 王三民. 3自由度齿轮系统的混沌控制. 机械工程学报, 2006, 42(12): 52-57.

[57] 孙涛, 邵长健, 沈允文. 附加粘弹性阻尼齿轮结构的阻尼计算. 航空动力学报, 1998, 13(3): 301-304.

[58] 沈允文, 邵忍平. 齿轮结构振动固有特性研究. 机械强度, 2000, 12(1):12-15.

[59] 李润方, 韩西, 林腾蛟, 等. 齿轮传动系统结合部动力学参数识别. 中国机械工程, 2001, 12(12): 1333-1335.

[60] 李润方, 陶泽光, 林腾蛟, 等. 齿轮啮合内部动态激励数值模拟. 机械传动, 2001, 25(2): 1-3.

[61] 李润方, 林腾蛟, 陶泽光. 齿轮系统耦合振动响应的预估. 机械设计与研究, 2003, 19(2): 27-29.

[62] 李润方, 林腾蛟, 陶泽光. 齿轮箱振动和噪声实验研究. 机械设计与研究, 2003, 19(5): 63-65.

[63] Baud S, Velex P. Static and dynamic tooth loading in spur and helical geared systems-experiments and model validation. Journal of Mechanical Design, 2002, 124(2): 334-346.

[64] 李素有, 孙智民, 沈允文. 含间隙的斜齿轮副扭振分析与试验研究. 机械传动, 2002, 26(2): 1-4.

[65] Andersson A, Vedmar L. A dynamic model to determine vibrations in involute helical gears. Journal of Sound and Vibration, 2003, 260(2): 195-212.

[66] 孙涛, 沈允文, 刘继岩. 齿轮阻尼环的最佳摩擦力分析. 机械传动, 1999, 23(2): 16-18.

[67] Velex P, Cahouet V. Experimental and numerical investigations on the influence of tooth friction in spur and helical gear dynamics. Journal of Mechanical Design, 2000, 122(12): 515-522.

[68] Howard I, Jia S, Wang J. The dynamic modeling of a spur gear in mesh including friction and a crack. Mechanical Systems and Signal Processing, 2001, 15(5): 831-853.

[69] Vaishya M, Singh R. Analysis of periodically varying gear mesh systems with coulomb friction using Floquet theory. Journal of Sound and Vibration, 2001, 243(3): 525-545.

[70] Vaishya M, Singh R. Sliding friction-induced non-linearity and parametric effects in gear dynamics. Journal of Sound and Vibration, 2001, 248(4): 671-694.

[71] 王三民, 沈允文, 董海军. 含摩擦和间隙直齿轮副的混沌与分岔研究. 机械工程学报, 2002, 38(9): 8-11.

[72] 李庆凯, 唐德威, 姜生元. 封闭式行星轮系功率流判别的键合图法. 北京航空航天大学学报, 2012, 38(9): 1250-1254.

[73] 赵磊. 航空用面齿轮传动非线性动力学啮合特性分析. 哈尔滨: 哈尔滨理工大学, 2015.

[74] 钱瞻. 基于键合图的风力发电系统建模及故障诊断. 长沙: 湖南科技大学, 2016.

[75] Kahraman A. Natural modes of planetary gear trains . Journal of Sound and Vibration, 1994, 173 (1): 125-130.

[76] Kahraman A. Load sharing characteristics of planetary transmissions. Mechanism and Machine Theory, 1994, 29(8): 1151-1165.

[77] Kahraman A. Planetary gear train dynamics. Journal of Mechanical Design, 1994, 116(3): 713-719.

[78] Kahraman A. Dynamic analysis of a multi-mesh helical gear trains. Journal of Mechanical Design, 1994, 116(3): 706-712.

[79] Kahraman A, Blankenship G W. Planetary mesh phasing in epicyclic gear sets. Proc. of International Gearing Conference, Newcastle, UK, 1994: 99-104.

[80] Kahraman A. Natural modes of planetary gear trains. Journal of Sound and Vibration, 1994, 173(1): 125-130.

[81] Saada A, Velex P. An extended model for the analysis of the dynamic behavior of planetary trains. Journal of Mechanical Design, 1995, 117: 241-247.

[82] Velex P, Flamand L. Dynamic response of planetary trains to mesh parametric excitations. Journal of Mechanical Design, 1996, 118(1): 7-14.

[83] 沈允文, 邵长健. 利用行星架附加阻尼的行星齿轮系统减振研究. 机械传动, 1999, 23(4): 29-31.

[84] 孙智民, 沈允文, 王三民, 等. 星型齿轮传动非线性动力学建模与动载荷研究. 航空动力学报, 2001, 16(4): 402-407.

[85] 孙智民, 沈允文, 王三民, 等. 星形齿轮传动系统分岔与混沌的研究. 机械工程学报, 2001, 37(12): 11-14.

[86] 孙涛, 沈允文, 孙智民, 等. 行星齿轮传动非线性动力学模型与方程. 机械工程学报, 2002, 38(3): 6-9.

[87] 孙涛，沈允文，孙智民，等. 行星齿轮传动非线性动力学方程求解与动态特性分析. 机械工程学报，2002，38(3): 11-15.

[88] 孙涛，胡海岩. 基于离散傅里叶变换与谐波平衡法的行星齿轮系统非线性动力学分析. 机械工程学报，2002，38(11): 58-60.

[89] 孙智民，沈允文，王三民，等. 星型齿轮传动系统的非线性动力学分析. 西北工业大学学报，2002，20(2): 222-226.

[90] 孙智民，沈允文，李华，等. 星型齿轮系统定常吸引子共存现象的研究. 机械工程学报，2002，13(15): 1332-1335.

[91] 孙智民，季林红，沈允文. 负载对星型齿轮传动动态特性的影响分析. 机械科学与技术，2003，22(1): 94-97.

[92] 孙智民，沈允文，李华，等. 星型齿轮传动系统定常与奇怪吸引子的共存现象. 振动工程学报，2003，16(2): 242-245.

[93] 孙智民，季林红，沈允文，等. 齿侧间隙对星型齿轮传动扭振特性的影响研究. 机械设计，2003，20(2): 3-6.

[94] 王三民，沈允文，董海军. 多间隙耦合非线性动力系统的分岔与混沌. 西北工业大学学报，2003，21(2): 191-194.

[95] 袁茹，赵凌燕，王三民. 滚动轴承-转子系统的非线性动力学特性分析. 机械科学与技术，2004，23(10): 1175-1177.

[96] 戚厚军，孙涛，刘继岩，等. 2K-V 型摆线针轮减速器传动系统的动态特性分析. 机械传动，2004，28(2): 13-15.

[97] 鲍和云，朱如鹏. 两级星型齿轮传动动态均载特性分析. 航空动力学报，2005，20(6): 937-943.

[98] 鲍和云，朱如鹏. 两级星型齿轮传动动力学系统基本构件浮动量分析. 机械科学与技术，2006，25(6): 708-711.

[99] 鲍和云，朱如鹏，靳广虎，等. 基于增量谐波平衡法的星型齿轮传动非线性动力学分析. 机械科学与技术，2008，27(8): 1038-1042.

[100] 鲍和云，朱如鹏，靳广虎，等. 间隙对两级星型齿轮传动动态特性的影响研究. 机械科学与技术，2009，28(1): 102-107.

[101] 杨振，王三民，范叶森. 一种新型功率分流齿轮传动系统动态特性研究. 机械设计与制造，2007(8): 99-101.

[102] 杨振，王三民，范叶森. 转矩分流式齿轮传动系统的非线性动力学特性. 机械工程学报，2008，44(7): 52-57.

[103] 缪君，王三民，宁嵩. 倾转旋翼机传动系统多状态响应特性研究. 航空动力学报，2008，23(8): 1427-1431.

[104] 郭家舜，王三民，刘海霞. 某新型直升机传动系统弯-扭耦合振动特性研究. 振动与冲击，2009，28(10): 132-136.

[105] Bahk C J, Parker R G. Nonlinear dynamics of planetary gears with equal planet spacing. Proceedings of the ASME 2007 International Design Engineering Techinal Conference & Computers and Information in Engineering Conference, Las Vegas, 2007.

[106] Wang J H, Qin D T, Ding Y. Dynamic behavior of wind turbine by a mixed flexible-rigid multi-body model. Journal of System Design and Dynamics, 2009, 3(3): 403-419.

[107] 朱恩涌，巫世晶，王晓笋，等. 含摩擦力的行星齿轮传动系统非线性动力学模型. 振动与冲击，2010，29(8):217-220.

[108] 林腾蛟，王丹华，冉熊涛，等. 多级齿轮传动系统耦合非线性振动特性分析. 振动与冲击，2013，32(17):1-7.

[109] 王鑫. 行星齿轮传动系统故障状态下非线性动力学研究. 天津：天津工业大学，2016.

[110] 张将，秦训鹏，陈浩冉. 考虑支撑间隙的行星齿轮系统非线性动力学分析. 武汉理工大学学报，2017，39(10):80-86.

[111] 李同杰，靳广虎，鲍和云，等. 滑动轴承——行星齿轮耦合系统非线性动力学特性研究. 船舶力学，2018，22(4):499-507.

第2章 环板式针摆行星传动模态分析

2.1 引　　言

　　模态分析是研究结构动力学特性的一种方法，是系统辨别方法在工程振动领域中的应用。模态是机械结构的固有振动特性，每一个模态具有特定的固有频率、阻尼比和振型。模态分析的目的是获取模态参数。模态参数就是模态的特征参数，即振动系统的各阶固有频率、振型、模态质量、模态刚度与模态阻尼。根据研究模态分析的手段和方法不同，模态分析分为理论模态分析和实验模态分析。理论模态分析是指以线性振动理论为基础，研究激励、系统、响应三者的关系，是一种理论建模过程，主要是运用有限元方法对结构进行离散，建立相应的数学模型，求解系统的模态参数。这种分析的正确性和精确性还有待检验。实验模态分析是理论模态分析的逆过程，首先，实验测量激励和响应的时间历程，运用数字信号处理技术求得频响函数或脉冲响应函数，得到系统的非参数模型；其次，运用参数识别方法，求得系统模态参数。实验模态分析是线性振动理论、动态测试技术、数字信号处理技术和参数识别技术等手段的综合运用[1-6]。

　　本章采用有限元和实验两种方法分析双电机驱动的四环板行星针摆减速器典型零部件的模态，通过模态分析了解零部件在某一个易受影响的频率范围内各阶主要固有频率的分布特征及空间振动模式，并且将有限元模态分析结果与实验模态分析结果相对比，使有限元模态分析中约束的处理趋于合理，预先估计零件在此频段内、外部或内部各种振源作用下实际振动响应，为寻找振动影响因素提供依据。因此，模态分析是结构动态设计及设备故障诊断的重要方法。

2.2 有限元模态分析原理

　　考虑惯性力和阻尼力时，弹性动力学基本方程包括力的平衡方程、几何方程和物理方程，它们的张量形式为[7]

　　平衡方程：$\sigma_{ij,j} + f_i - \rho u_{i,tt} - \mu u_{i,t} = 0$ （在 V 域内）

　　几何方程：$\varepsilon_{ij} = \dfrac{1}{2}\left(u_{i,j} + u_{j,i}\right)$ （在 V 域内）

　　物理方程：$\sigma_{ij} = D_{ijkl}\varepsilon_{kl}$ （在 V 域内）

式中，i,j,k 为三个坐标方向；ρ 为材料密度；μ 为阻尼系数；$u_{i,t}$，$u_{i,tt}$ 分别为 u_i 的一阶导数和二阶导数，表示 i 方向的速度和加速度；$-\rho u_{i,tt}$ 和 $-\mu u_{i,t}$ 分别为惯性力和阻尼力；f_i 为体积力；σ_{ij} 和 ε_{ij} 分别为二阶对称应力张量和应变张量；$u_{j,i}$ 为位移张量 u_j 对独立坐标 x_i 求偏导数；$u_{i,j}$ 为位移张量对独立张量 x_j 求偏导数；D_{ijkl} 为弹性常数；ε_{kl} 为应变张量。

求解方程的边界条件和初始条件为

位移边界：$u_i = \overline{u_i}$（在 S_u 边界上）

力边界：$\sigma_{ij} n_j = \overline{T_i}$（在 S_σ 边界上）

初始位移：$u_i(x,y,z,0) = u_i(x,y,z)$

初始速度：$u_{i,t}(x,y,z,0) = u_{i,t}(x,y,z)$

式中，$\overline{u_i}$ 为边界位移；S_u 和 S_σ 分别为求解域 V 的位移边界和力边界；n_j 为相应边界外法线与第 j 坐标轴之间方向角余弦。

进行有限元分析时，首先要对求解域空间进行离散处理，根据位移模式，单元内任意一点 (x,y,z) 位移的矩阵表达式为

$$\begin{bmatrix} u(x,y,z) \\ v(x,y,z) \\ w(x,y,z) \end{bmatrix} = \begin{bmatrix} N_1 I_{3\times3} & N_2 I_{3\times3} & \cdots & N_n I_{3\times3} \end{bmatrix} [u_1, v_1, w_1, u_2, v_2, w_2, \cdots, u_n, v_n, w_n]^T \quad (2.1)$$

简写为

$$u = Na^e \quad (2.2)$$

式中，$u = \begin{bmatrix} u(x,y,z) \\ v(x,y,z) \\ w(x,y,z) \end{bmatrix}$，为单元体内任意一点的位移；$N = \begin{bmatrix} N_1 I_{3\times3} & N_2 I_{3\times3} & \cdots & N_n I_{3\times3} \end{bmatrix}$，

为形函数；$a^e = [u_1, v_1, w_1, u_2, v_2, w_2, \cdots, u_n, v_n, w_n]^T$，为结点位移。

根据几何方程，单元体内任意一点的应变为

$$\varepsilon = \begin{bmatrix} \varepsilon_x \\ \varepsilon_y \\ \varepsilon_z \\ \varepsilon_{xy} \\ \varepsilon_{yz} \\ \varepsilon_{zx} \end{bmatrix} = Lu = LNa^e = \begin{bmatrix} \dfrac{\partial}{\partial x} & & \\ & \dfrac{\partial}{\partial y} & \\ & & \dfrac{\partial}{\partial z} \\ \dfrac{\partial}{\partial y} & \dfrac{\partial}{\partial x} & \\ & \dfrac{\partial}{\partial z} & \dfrac{\partial}{\partial y} \\ \dfrac{\partial}{\partial z} & & \dfrac{\partial}{\partial x} \end{bmatrix} \begin{bmatrix} N_1 I_{3\times3} & N_2 I_{3\times3} & \cdots & N_n I_{3\times3} \end{bmatrix} a^e = Ba^e \quad (2.3)$$

式中，L 为微分算子；B 为几何矩阵。

根据虚位移原理，任意单元内平衡方程和边界条件的等效积分形式为

$$\delta\left(\int_{v_e}\left(\frac{1}{2}D_{ijk}\varepsilon_{ij}\varepsilon_{kl}-u_if_i+u_i\rho u_{i,tt}+u_i\eta u_{i,t}\right)\mathrm{d}V-\int_{S_\sigma^e}u_i\overline{T_i^e}\mathrm{d}S\right)=0 \qquad (2.4)$$

式中，η 为阻尼系数。式（2.4）写成矩阵形式为

$$\delta\left(\int_{v_e}\left(\left(\frac{1}{2}a^e\right)^{\mathrm{T}}B^{\mathrm{T}}DBa^e-Na^ef+\left(a^e\right)^{\mathrm{T}}N^{\mathrm{T}}\rho N\frac{\partial^2 a^e}{\partial t^2}+\left(a^e\right)^{\mathrm{T}}N^{\mathrm{T}}\eta N\frac{\partial a^e}{\partial t}\right)\mathrm{d}V\right.$$
$$\left.-\int_{S_\sigma^e}\left(a^e\right)^{\mathrm{T}}N^{\mathrm{T}}\overline{T^e}\mathrm{d}S\right)=0 \qquad (2.5)$$

整个结构的变分方程为

$$\delta\sum_e\left(\int_{v_e}\left(\left(\frac{1}{2}a^e\right)^{\mathrm{T}}B^{\mathrm{T}}DBa^e-Na^ef+\left(a^e\right)^{\mathrm{T}}N^{\mathrm{T}}\rho N\frac{\partial^2 a^e}{\partial t^2}+\left(a^e\right)^{\mathrm{T}}N^{\mathrm{T}}\eta N\frac{\partial a^e}{\partial t}\right)\mathrm{d}V\right.$$
$$\left.-\int_{S_\sigma^e}\left(a^e\right)^{\mathrm{T}}N^{\mathrm{T}}\overline{T^e}\mathrm{d}S\right)=0 \qquad (2.6)$$

式中，$\overline{T^e}$ 为边界面力；t 为时间。变分为零相当于泛函对所有的 a^e 的偏导数为零，即

$$\sum_e\left(\int_{v_e}\left(B^{\mathrm{T}}DBa^e-Nf+N^{\mathrm{T}}\rho N\frac{\partial^2 a^e}{\partial t^2}+N^{\mathrm{T}}\eta N\frac{\partial a^e}{\partial t}\right)\mathrm{d}V-\int_{S_\sigma^e}N^{\mathrm{T}}\overline{T^e}\mathrm{d}S\right)=0 \qquad (2.7)$$

简写成

$$M\frac{\partial^2 a}{\partial t^2}+C\frac{\partial a}{\partial t}+Ka-Q=0 \qquad (2.8)$$

式中，M 为质量矩阵，$M=\sum_e\int_{v_e}N^{\mathrm{T}}\rho N\mathrm{d}V$；$C$ 为阻尼矩阵，$C=\sum_e\int_{v_e}N^{\mathrm{T}}\eta N\mathrm{d}V$；$K$

为刚度矩阵，$K=\sum_e\int_{v_e}B^{\mathrm{T}}DB\mathrm{d}V$；$a$ 为结点位移列阵；Q 为载荷列向量，

$Q=\sum_e\int_{v_e}N^{\mathrm{T}}f\mathrm{d}V+\int_{S_\sigma^e}N^{\mathrm{T}}\overline{T^e}\mathrm{d}S$。

模态分析就是求解系统的固有频率和振型。

当不考虑阻尼力和外力时，系统的振动方程为

$$M\frac{\partial^2 a}{\partial t^2}+Ka=0 \qquad (2.9)$$

设系统响应为简谐振动，

$$a=\varphi\sin\omega\left(t-t_0\right) \qquad (2.10)$$

式中，φ 为系统振型；ω 为系统固有频率；t_0 为初始时间。

将式（2.10）代入式（2.9）得

$$K\varphi - \omega^2 M\varphi = 0 \qquad (2.11)$$

由于 φ 为任意向量，不是零向量，所以必有

$$\left| K - \omega^2 M \right| = 0 \qquad (2.12)$$

解式（2.12）并取正值，得到系统的固有频率 $\omega_1, \omega_2, \cdots, \omega_{3n}$。

将固有频率代入式（2.11），解得与固有频率对应的固有振型 $\varphi_1, \varphi_2, \cdots, \varphi_{3n}$。

规定阵型幅度为

$$\varphi_i^{\mathrm{T}} M \varphi_j^{\mathrm{T}} = 1, \quad i, j = 1, 2, \cdots, 3n$$

不满足上式条件，转换为

$$\varphi_i = \frac{\varphi_i}{\sqrt{\varphi_i^{\mathrm{T}} M \varphi_i^{\mathrm{T}}}} \qquad (2.13)$$

由于 K 和 M 的对称性，固有振型对于 M 正则正交表示为

$$\varphi_i^{\mathrm{T}} M \varphi_j^{\mathrm{T}} = \begin{cases} 0, & i \neq j \\ 1, & i = j \end{cases} \qquad (2.14)$$

固有振型对于 K 的正交性表示为

$$\varphi_i^{\mathrm{T}} K \varphi_j^{\mathrm{T}} = \begin{cases} 0, & i \neq j \\ \omega_i^2, & i = j \end{cases} \qquad (2.15)$$

2.3　四环板针摆行星传动典型零件的有限元模态分析

双电机驱动四环板针摆行星传动系统参数见表 2.1，传动原理如图 1.10 所示。

表 2.1　双电机驱动四环板针摆行星传动系统参数

传递功率/kW	摆线轮齿数 z_c	针轮齿数 z_p	短幅系数	偏心距/mm	针齿中心圆半径/mm	正等距+负移距修形量/mm
22	34	35	0.64	2	109	0.015

采用 solid92 十结点四面体单元对箱体、环板、输入轴、输出轴进行网格划分。箱体在与地基相接触的底面上施加 3 个方向位移约束。在环板与轴承接触的轴向的约束加整圈，径向根据轴承的滚子个数 17 计算出在 4/9 圆周的内表面施加 3 个方向位移约束。同理，输入轴的约束也施加在与轴承接触的内圈上，根据滚子个数 19 计算出实际接触为 17/36 圆周，因此在此范围内施加 3 个方向的位移约束。输出轴与轴承接触的 4/9 表面施加 3 个方向的位移约束。箱体、环板、输入轴和输出轴的网格划分模型和箱体约束模型如图 2.1～图 2.4 所示。

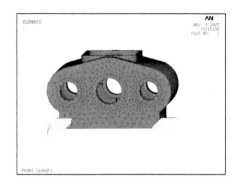

图 2.1　箱体约束模型图

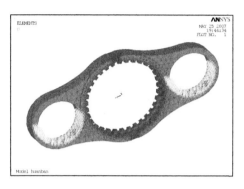

图 2.2　环板约束模型图

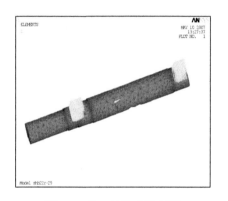

图 2.3　输入轴约束模型图

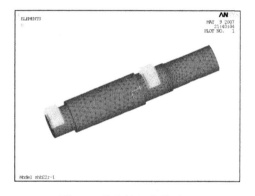

图 2.4　输出轴约束模型图

分析结果：箱体、环板、输入轴和输出轴的固有频率见表 2.2～表 2.5，振型图如图 2.5～图 2.12 所示。

表 2.2　箱体的固有频率及振型

模态阶数	频率/Hz	振型
1	468	箱体的轴向摆动
2	633	箱体上部的上下收缩振动
3	708	箱体左右部分的轴向扭转
4	792	箱体径向侧摆
5	825	箱体上下振动
6	942	箱体上下部分轴向扭转
7	949	箱体上部与箱体端面的相对轴向摆动
8	1096	箱体端盖收缩运动

表 2.3　环板的各阶固有频率及振型

模态阶数	频率/Hz	振型
1	109	环板上部沿 Z 方向（轴向）摆动
2	139	环板上部沿 X 方向（径向）摆动
3	520	环板上部沿 Z 方向扭动
4	634	环板下中部沿 Z 方向摆动
5	768	环板上部中间与两边沿 Z 方向扭动
6	836	环板上部沿 X 方向收缩运动
7	1126	环板上部沿 Z 方向做 S 型扭动
8	1203	环板下中部沿 X 方向扭动

表 2.4　输入轴的固有频率及振型

模态阶数	频率/Hz	振型
1	152	输入端沿 X 轴摆动
2	791	输入端沿 Z 轴摆动
3	942	输入轴支撑中部和输入端同步沿 X 轴摆动
4	1203	输入轴支撑中部沿 Z 轴摆动
5	1427	输入轴支撑中部收缩运动
6	1743	输入轴沿 Z 轴做 S 型扭动
7	2400	输入端收缩运动
8	2608	输入轴支撑中部沿 X 轴做 S 型扭动

表 2.5　输出轴的各阶固有频率及振型

模态阶数	频率/Hz	振型
1	432	输出端沿 X 轴摆动
2	680	输出端沿 Z 轴摆动
3	1226	输出轴支撑中部沿 Z 轴摆动
4	1324	输出轴支撑中部沿 X 轴摆动
5	1401	输出端和支撑中部同时沿 X 向摆动
6	1561	输出轴沿 X 向扭动
7	1801	输出轴沿 Z 向扭动
8	1900	输出轴做 S 型扭动

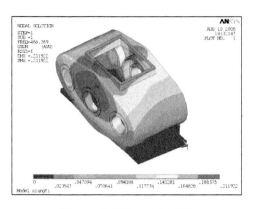

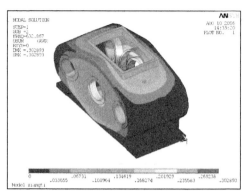

图 2.5　箱体第 1 阶振型图　　　　　　　　图 2.6　箱体第 2 阶振型图

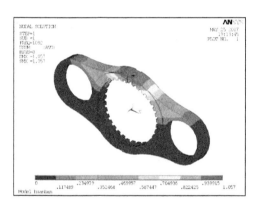

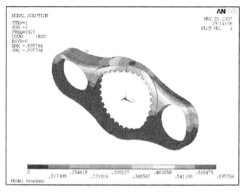

图 2.7　环板第 1 阶振型图　　　　　　　　图 2.8　环板第 3 阶振型图

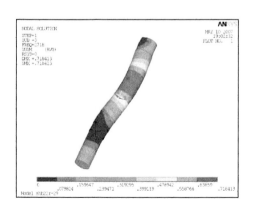

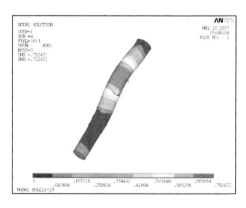

图 2.9　输入轴第 3 阶振型图　　　　　　　图 2.10　输入轴第 4 阶振型图

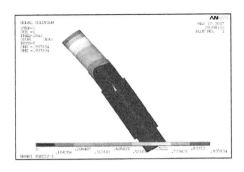

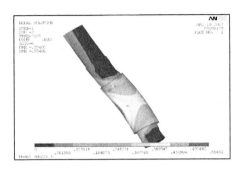

图 2.11　输出轴第 1 阶振型图　　　　　　　图 2.12　输出轴第 3 阶振型图

2.4　输入轴系的模态分析

2.4.1　用有限元法对输入轴系进行模态分析

1. 输入轴系有限元模型的建立

以双电机驱动双曲柄四环板式针摆行星减速器输入轴系为研究对象，在 Pro/E 中建立轴系的模型，通过配置接口软件，将模型直接导入 ANSYS。在模型导入 ANSYS 之前，将对输入轴系的固有特性影响很小的一些结构进行忽略或简化，如环板和输入轴上的倒角、键槽等，可以很大程度提高运算速度，节省计算空间。整个轴系的材料为各向同性材料，需要输入的材料性能参数有：弹性模量 EX = 209GPa，泊松比 NUXY = 0.269，密度 $\rho = 7890\mathrm{kg/m^3}$。

2. 网格划分和约束条件

对输入轴系进行网格划分时，采用 solid92 十结点四面体单元，模型最终划分为 54016 个单元，共有 80948 个结点，网格划分如图 2.13 所示。施加约束情况同输入轴，约束模型如图 2.14 所示。

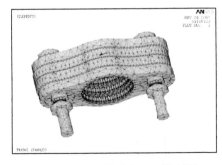

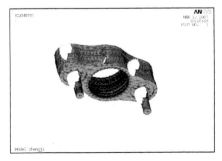

图 2.13　输入轴系有限元模型图　　　　　　图 2.14　输入轴系有限元约束模型图

3. 输入轴系有限元分析结果

对图 2.14 中的环板式针摆传动输入轴系有限元模型进行求解，可求出全部的固有频率和振型，由于低阶模态对振动系统影响较大，故取前 8 阶。环板式针摆传动输入轴系的固有频率和振型如表 2.6 所示。图 2.15 和图 2.16 是输入轴系的两阶振型图。

表 2.6　输入轴系的各阶固有频率及振型

模态阶数	频率/Hz	振型
1	795	两输入轴轴向扭转
2	951	两输入轴沿 Z 轴同向摆动
3	977	两输入轴沿 X 轴同向摆动
4	1000	两输入轴支撑中部轴向扭转
5	1018	两输入轴支撑中部沿 X 轴反向摆动
6	1030	外侧两环板沿轴向（Z 轴）摆动
7	1041	中间两环板沿轴向（Z 轴）摆动
8	1054	两输入轴沿 Y 轴交错扭动

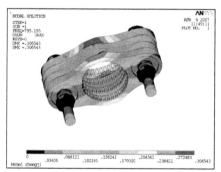 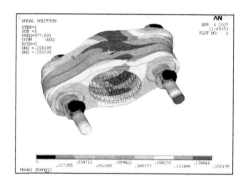

图 2.15　输入轴系第 1 阶振型图　　　图 2.16　输入轴系第 3 阶振型图

2.4.2　用传递矩阵法计算输入轴系的固有频率

1. 输入轴系动力学模型的建立

计算传动系统的扭转振动时，根据传动链的特点，常将只有串联传动件的传动链简化为单支当量扭振系统，将具有平行分支传动的传动链简化为分支当量扭振系统。

本章研究的输入轴系是对称结构，故取一半为研究对象，轴系结构如图2.17所示。

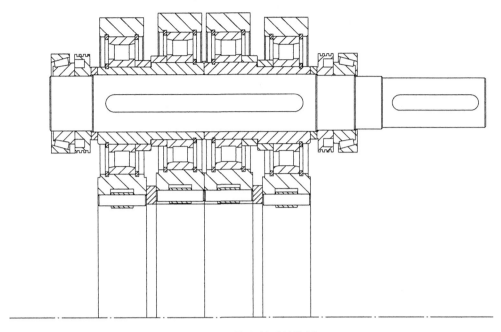

图 2.17　输入轴系结构图

对输入轴系简化：

（1）计算每一轴段的扭转刚度和转动惯量，将各轴段的转动惯量集中到该轴段两端的零件上，使各轴段简化为无质量的弹性轴段。弹性轴段的扭转刚度应与实际轴段的扭转刚度相等。转动惯量一般可平均分配到轴段两端。

（2）计算和轴一起转动的各零件的转动惯量和扭转刚度，并将它们简化为刚性圆盘和弹性轴段。

输入轴系的动力学模型如图 2.18 所示，图中，J 表示转动惯量，k 表示扭转刚度，l 为轴段长度。

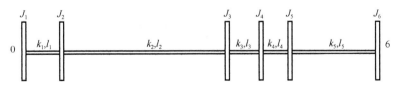

图 2.18　输入轴系扭振系统动力学模型

2. 输入轴系的传递矩阵

扭振系统在振动过程中，系统的任何一点仅受到扭矩 M 的作用，只产生转角 θ。因此，扭振系统中任何一点的状态向量为 $Z = [\theta \ M]^T$。规定轴线的正方向向右，并采用右手螺旋定则[8]。据此将系统中第 i 个圆盘及第 i 个轴段从系统中隔离出来，其左边及右边的状态向量如图 2.19 所示。

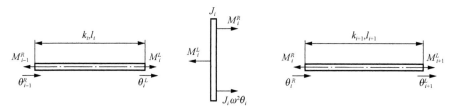

图 2.19　扭振系统元件

图 2.18 中第 i 个圆盘，由于假设为刚性的，其左右两边的转角应相等，即

$$\theta_i^R = \theta_i^L = \theta_i \tag{2.16}$$

又根据圆盘以频率 ω 做简谐扭转振动时的力矩平衡条件，有

$$M_i^R = M_i^L - J_i \omega^2 \theta_i \tag{2.17}$$

将式（2.16）和式（2.17）合并，写成矩阵形式为

$$\begin{bmatrix} \theta_i^R \\ M_i^R \end{bmatrix} = \begin{bmatrix} 1 & 0 \\ -J_i \omega^2 & 1 \end{bmatrix} \begin{bmatrix} \theta_i^L \\ M_i^L \end{bmatrix} \tag{2.18}$$

式（2.18）就是刚性圆盘左右两边状态向量之间的传递关系，式中的方阵为刚性圆盘的点传递矩阵。

对于第 i 段弹性轴，因其弹性轴段的质量忽略不计，故其两边的扭转应相等，即

$$M_i^L = M_{i-1}^R \tag{2.19}$$

又根据扭转刚度的定义，有

$$\theta_i^L - \theta_{i-1}^L = \frac{1}{k_i} M_i^R \text{ 或 } \theta_i^L = \theta_{i-1}^R + \frac{1}{k_i} M_{i-1}^R \tag{2.20}$$

由式（2.19）和式（2.20）可得

$$\begin{bmatrix} \theta_i^L \\ M_i^L \end{bmatrix} = \begin{bmatrix} 1 & 1/k \\ 0 & 1 \end{bmatrix} \begin{bmatrix} \theta_{i-1}^R \\ M_{i-1}^R \end{bmatrix} \tag{2.21}$$

式（2.21）就是弹性轴段左右两边状态向量之间的传递关系，式中的方阵为弹性轴段的场传递矩阵。

联立式（2.18）和式（2.21），建立起第 $i-1$ 个圆盘右边的状态向量和第 i 个圆盘左边状态向量之间的传递关系为

$$\begin{bmatrix} \theta_i^R \\ M_i^R \end{bmatrix} = \begin{bmatrix} 1 & 1/k \\ -J_i \omega^2 & 1 - J_i \omega/k \end{bmatrix} \begin{bmatrix} \theta_{i-1}^R \\ M_{i-1}^R \end{bmatrix} \tag{2.22}$$

式（2.22）中的方阵称为第 i 段的传递矩阵。

将 6 个圆盘和 5 个轴段组成的扭振系统划分为 6 段，编号如图 2.18 所示，0 点取在 1 号盘 J_1 的左侧，其余各点均取在同号盘的右侧。在 0 点和 1 点之间仅包括一个刚性圆盘，在 $i-1$ 点和 i 点之间包含一个刚性圆盘 J_i 和一段弹性轴段 $k_i(i=2,3,\cdots,6)$，于是，系统最左端点 0 和最右端点 n 的状态向量之间的传递关系为

$$Z_1 = T_1 Z_0$$
$$Z_2 = T_2 Z_1 = T_1 T_2 Z_0$$
$$\cdots\cdots \tag{2.23}$$
$$Z_6 = T_6 Z_5 = T_6 T_5 T_4 T_3 T_2 T_1 Z_0$$

式中，T_1 按式（2.18）计算；$T_2 \sim T_6$ 按式（2.22）计算。由于各传递矩阵 T_i 都是二阶方阵，它们的乘积即系统的传递矩阵。

式（2.23）可表示为

$$\begin{bmatrix} \theta \\ M \end{bmatrix}_6 = \begin{bmatrix} u_{11} & u_{12} \\ u_{21} & u_{22} \end{bmatrix} \begin{bmatrix} \theta \\ M \end{bmatrix}_0 \tag{2.24}$$

式（2.24）称为输入轴系的传递方程，式中的矩阵称为轴系的传递矩阵。

3. 输入轴系固有频率的计算

输入轴系的边界条件为

$$M_6 = 0 , \theta_0 = 0$$

代入式（2.24），得

$$\theta_6 = u_{12} M_0 , u_{22} M_0 = 0 \tag{2.25}$$

要使上式得到非零解，必有

$$u_{22} = 0 \tag{2.26}$$

式中，u_{22} 是 ω 的函数，满足式（2.26）的频率值就是该系统扭转振动的固有频率。

此输入轴系的各传递矩阵为

$$T_1 = \begin{bmatrix} 1 & 0 \\ -3.755 \times 10^{-4} \omega^2 & 1 \end{bmatrix}$$

$$T_2 = \begin{bmatrix} 1 & 7.8 \times 10^{-6} \\ -0.026\omega^2 & 1 - 0.2 \times 10^{-6} \omega^2 \end{bmatrix}$$

$$T_3 = \begin{bmatrix} 1 & 2.03 \times 10^{-6} \\ -0.026\omega^2 & 1 - 5.28 \times 10^{-8} \omega^2 \end{bmatrix}$$

$$T_4 = \begin{bmatrix} 1 & 7.8 \times 10^{-6} \\ -5.445 \times 10^{-4} \omega^2 & 1 - 4.25 \times 10^{-9} \omega^2 \end{bmatrix}$$

$$T_5 = \begin{bmatrix} 1 & 9.2 \times 10^{-6} \\ -8.155 \times 10^{-4} \omega^2 & 1 - 7.5 \times 10^{-9} \omega^2 \end{bmatrix}$$

$$T_6 = \begin{bmatrix} 1 & 1.2 \times 10^{-5} \\ -6.1 \times 10^{-4} \omega^2 & 1 - 7.32 \times 10^{-9} \omega^2 \end{bmatrix}$$

经计算得

$$u_{11} = 1 - 2.35 \times 10^{-7} \omega^2 + 4.32 \times 10^{-5} \omega^4 - 1.29 \times 10^{-23} \omega^6 + 7.99 \times 10^{-33} \omega^8$$

$$u_{12} = 3.88 \times 10^{-5} - 7.06 \times 10^{-12} \omega^2 + 7.07 \times 10^{-20} \omega^4 - 1.68 \times 10^{-28} \omega^6$$
$$+ 9.59 \times 10^{-38} \omega^8$$

$$u_{21} = -5.39 \times 10^{-2} \omega^2 + 6.7 \times 10^{-9} \omega^4 - 1.14 \times 10^{-16} \omega^6 + 3.37 \times 10^{-25} \omega^8$$
$$- 2.06 \times 10^{-34} \omega^{10}$$

$$u_{22} = 1 - 1.86 \times 10^{-6} \omega^2 + 0.19 \times 10^{-12} \omega^4 - 1.86 \times 10^{-21} \omega^6 + 4.38 \times 10^{-30} \omega^8$$
$$- 2.47 \times 10^{-39} \omega^{10}$$

由 $u_{22} = 0$，计算出前 5 阶固有频率见表 2.7。

表 2.7 传递矩阵计算的固有频率

阶数	固有频率/Hz
1	787
2	1123
3	1198
4	1243
5	1531

用传递矩阵计算出输入轴系的前 5 阶固有频率与有限元计算结果相差不大，说明两种方法所计算的输入轴系的固有频率值是可信的。

2.5 双电机驱动四环板针摆行星减速器模态实验

实验模态分析能够得到较准确的性能结果，能够验证有限元模态分析所施加的边界条件的合理性及分析结果的正确性，完善有限元模型，使有限元模型更真实地反映实际齿轮的工作情况，实验模态分析的结果是后续动力学特性研究的基础。

实验仪器：INV306 智能信号采集处理分析仪、力锤、电荷放大器、电脑、电荷式加速度传感器。

分析软件：Labview 数据采集分析系统，Origin7.5 东方振动数据采集分析系统。

2.5.1　环板模态测试

本节分别采用悬挂法和螺栓固定的方法分析环板的模态，采用单点激励多点响应的测试方法。激励方向分别采用沿环板轴向、垂直地面和水平三个方向。图 2.20 是采用悬挂法环板模态测试图，共有 14 个拾振点，测试频率见表 2.8。

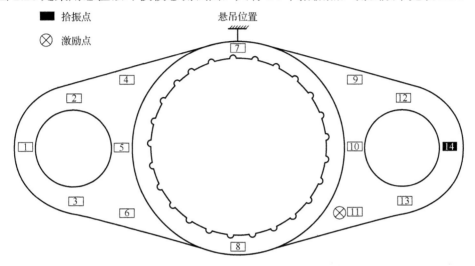

图 2.20　采用悬挂法环板模态测试图

表 2.8　环板的固有频率

阶数	轴向频率/Hz	垂向振频/Hz	水平振频/Hz
1	423	98	99
2	663	365	374
3	1171	452	428
4	1304	492	628
5	1342	529	835
6	1549	612	1002
7	1736	697	1065
8	1852	836	1178

环板的实验测试频率与有限元计算频率对比发现，有限元的计算频率与实验垂向频率接近，这是因为有限元计算所施加的约束与实验测试所施加的约束相似。

2.5.2　箱体模态测试

箱体采用地脚螺栓与地基连接，对角线约束。分别测试箱体输出轴端、箱体上面和箱体侧立面的模态，测点布置如图 2.21～图 2.23 所示，箱体输出轴端面 14 拾振点，侧立面 8 个拾振点，上面 12 个拾振点。箱体的固有频率如表 2.9 所示。

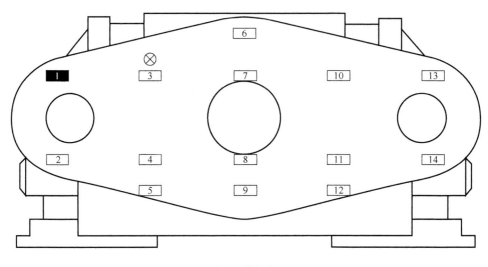

拾振点
⊗　激励点

图 2.21　箱体输出轴端测试图

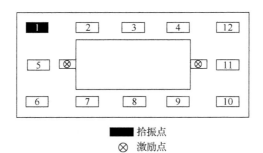

拾振点
⊗　激励点

图 2.22　箱体上面测试图

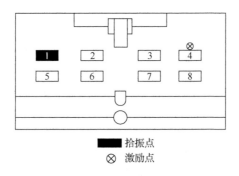

拾振点
⊗　激励点

图 2.23　箱体侧立面测试图

表 2.9　箱体的固有频率

阶数	箱体输出轴端/Hz	箱体上面/Hz	箱体侧立面/Hz
1	98	105	171
2	198	184	317
3	531	285	457
4	659	396	617
5	945	456	681
6	1037	493	945
7	1372	656	1082
8	1516	738	1306

2.5.3　输入轴模态测试

输入轴采用橡皮绳悬吊约束方式，测点布置如图 2.24 所示，输入轴布置 11 个拾振点。输入轴前 8 阶固有频率见表 2.10。

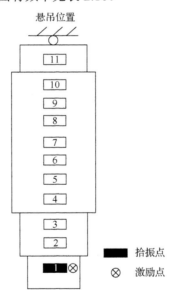

图 2.24　输入轴测试图

表 2.10　输入轴的固有频率

阶数	频率/Hz
1	101
2	755
3	929
4	1017

续表

阶数	频率/Hz
5	1354
6	1690
7	2160
8	2251

2.5.4 模态实验结果分析

通过环板、输入轴和箱体的模态分析，得到了三个零件的前 8 阶固有频率。实验结果与有限元分析结果相对比可以看出，各阶频率基本在同一数量级，但明显看出有限元模态分析所得的各阶频率都比同阶实验所得的固有频率要大一些，原因是有限元模态分析所施加的约束可能导致模型刚性增大。

2.6 本 章 小 结

本章采用有限元方法分析计算了环板式针摆行星传动系统中典型零件和输入轴系的固有频率和振型，采用传递矩阵法计算了输入轴系的固有频率，采用实验的方法分析典型零件的固有频率，并将分析结果进行对比得出以下结论：

（1）采用有限元法对环板式针摆行星传动的环板、输入轴、输出轴和箱体等主要零件进行了模态分析，求得了各零件的前 8 阶固有频率和振型。

（2）分别用有限元法和传递矩阵法计算了输入轴系的固有频率，计算结果表明，两种方法所计算的输入轴系的固有频率值是可信的。

（3）采用实验的方法测试了环板、输入轴和箱体的模态，得到各零件的前 8 阶固有频率。模态分析是后续动力学分析的基础，为分析振动影响因素提供必要的依据。

参 考 文 献

[1] 许本文，焦群英. 机械振动与模态分析基础. 北京：机械工业出版社，1998.

[2] 陈磊，罗善明，王建. 余弦齿轮的有限元模态分析. 机械传动，2009，33(3):7-10.

[3] 李德葆，陆秋海. 实验模态分析及其应用. 北京：科学出版社，2001.

[4] 沈允文，蔺天存，李树庭. 谐波齿轮传动柔轮的实验模态分析. 机械传动，1994，18(1):37-38.

[5] 唐勇，张志强，贺静. 渐开线齿轮模态分析. 机械与电子，2006(8):9-11.

[6] Luo S, Wu Y, Wang J. The generation principle and mathematical models of a novel gear drive. Mechanism and Machine Theory, 2008, 43(12):1543-1556.

[7] 曹树谦，张文德，肖九翔. 振动结构模态分析——理论、实验与应用. 天津：天津大学出版社，2001.

[8] 廖伯瑜，周新民，尹志宏. 现代机械动力学及其工程应用. 北京：机械工业出版社，2004.

第 3 章 环板式针摆行星传动系统幅频特性分析

3.1 引　　言

环板式针摆行星传动系统存在时变啮合刚度和传动误差两大非线性因素，这些因素将导致系统产生非线性振动。由于非线性理论和分析方法难度大，工程上许多非线性问题经常用近似的线性方法解决，以求方便地获得其动力学行为的逼近，然而，被忽略的非线性因素常常会在分析和计算中引起无法想象的误差，甚至会得出错误的结论[1]。因而只有利用非线性理论和方法，才能弄清楚非线性因素的真实影响。

本章考虑时变啮合刚度、误差和齿侧间隙等因素建立了环板式针摆行星传动系统的非线性动力学模型，分析了环板与摆线轮啮合处的阻尼、误差和时变啮合刚度对系统幅频特性的影响。

3.2 环板式针摆行星传动非线性动力学模型

动力学分析模型是传动系统动态特性分析的基础，传动系统中含有许多模型影响因素，分析模型中考虑的影响因素越多，需要建立的广义坐标（即振动系统的自由度）的个数越多，所建立的动力学分析模型越复杂，求解越困难。因此，要对传动系统进行简化，忽略次要因素，抽象出其主要的力学本质，建立一个以若干广义坐标来描述的力学分析模型，所以模型是在一定的假设条件下建立的。

3.2.1 系统建模的假设条件

建立系统模型的假设条件是：

（1）不计齿轮啮合时摩擦力的影响；

（2）忽略原动机和负载的惯性、输入和输出轴扭矩的波动；

（3）啮合副、回转副及支承处的弹性变形用等效弹簧刚度表示；

（4）建模时采用集中质量模型，各环板具有相同的物理参数和几何参数且相位差180°。

3.2.2 系统动力学模型建立

根据双电机驱动四环板针摆行星传动的传动原理，在上述假设条件的基础上，建立四环板针摆行星传动非线性动力学模型如图 3.1 所示。模型采用集中质量法。集中质量法是把质量集中在各个弹性体构件的若干个点或者截面上，将一些无弹性或弹性较弱而且惯性较大的构件看作一个质点，把弹性较大而且相对惯性较小的构件当作弹簧来处理，不计其质量，把系统中的迟滞型阻尼作为结构的阻尼，这种由惯性元件、弹性元件和阻尼元件组成的动力学模型，即为集中质量模型。将传动系统中两个曲柄和摆线轮视为具有回转自由度的集中质量，四个环板视为做平动自由度的集中质量，为了限制摆线轮的横向和纵向位移，对摆线轮施加横向和纵向两个约束，所以系统共 7 个自由度。摆线轮与环板的啮合处考虑时变啮合刚度、阻尼和间隙的影响，曲轴与环板接触处考虑刚度与阻尼的影响。

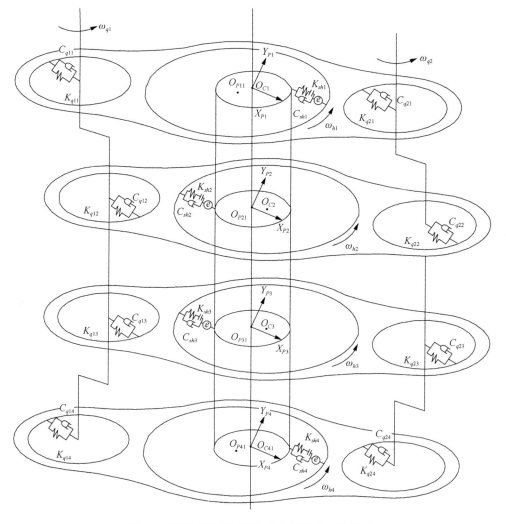

图 3.1　环板式针摆行星传动非线性动力学模型

3.2.3　系统的运动微分方程

1. 引入参量符号说明

（1）符号含义：r_b 为摆线轮基圆半径，θ 为回转角，x 为啮合作用线上的等价位移，q_i 为曲轴（i 是曲轴的编号），h_i 为环板（i 是环板的编号），s 为摆线轮。

（2）等价位移与相对位移。

等价位移	相对位移
环板：$x_{hi}=r_{bh}\theta_h$	$x_{his}=x_{hi}-x_s$，　i=1,2,3,4
曲轴：$x_{q1}=r_{bq}\theta_{q1}$　$x_{q2}=r_{bq}\theta_{q2}$	$x_{hiq1}=x_{hi}-x_{q1}$，　i=1,2,3,4
摆线轮：$x_s=r_{bs}\theta_s$	$x_{hiq2}=x_{hi}-x_{q2}$，　i=1,2,3,4

方向规定：啮合线上的等价线位移以输入转矩作用下的运动方向为正方向，啮合线上的相对位移 x 的方向规定齿面受压时为正方向。

2. 摆线轮与针齿弹性啮合力

在环板式针摆行星传动非线性动力学模型中，针齿与摆线轮啮合，近似认为啮合处的齿侧间隙和综合啮合误差相同。

摆线轮与第 i 个环板上针齿之间的弹性啮合力函数为

$$F_{shi}=k_{shi}(t)\cdot f(x_{shi}-e_{shi}(t),b_{shi}) \tag{3.1}$$

式中，$k_{shi}(t)$ 为摆线轮与第 i 个环板沿啮合作用线的时变啮合刚度；e_{shi} 为啮合齿轮副沿作用线的综合齿频误差函数；b_{shi} 为齿轮副之间的齿侧间隙，文中提到的侧隙均指在啮合线上度量的齿侧间隙；f 为具有齿侧间隙时轮齿啮合力的非线性函数。

3. 间隙非线性函数

根据文献[2]，设齿轮副间隙为 $2b$，采用分段技术设置间隙的非线性函数为

$$f_i=f(x_i)=\begin{cases} x_i-b_i, & x_i>b_i \\ 0, & -b_i \leqslant x_i \leqslant b_i \\ x_i+b_i, & x_i<-b_i \end{cases} \tag{3.2}$$

式中，b_i 是相应的齿侧间隙；x_i 是位移。

4. 摆线轮与第 i 个环板上的针齿之间的啮合阻尼力为

$$D_{shi} = C_{shi}\left(\dot{x}_{shi} - \dot{e}_{shi}(t)\right) \tag{3.3}$$

式中，C_{shi} 为摆线轮与第 i 个环板之间的阻尼系数，$C_{shi} = 2\zeta\sqrt{\bar{k}_{shi}/(1/m_1 + 1/m_2)}$，其中 $\bar{k}_{shi}$ 为环板与摆线轮啮合处的平均啮合刚度；ζ 为齿轮啮合阻尼比。

5. 系统的运动微分方程

根据图 3.1 动力学模型，求得系统的动能和势能分别为

$$T = \frac{1}{2}\left(\sum_{i=1}^{2} m_{qi}\dot{x}_{qi}^2 + \sum_{j=1}^{4} m_{hj}\dot{x}_{hj}^2 + m_s\dot{x}_s^2\right) \tag{3.4}$$

$$V = \frac{1}{2}\sum_{i=1}^{4}\left(k_{q1i}(x_{q1} - x_{hi})^2 + k_{q2i}(x_{q2} - x_{hi})^2 + k_{shi}(x_{hi} - x_s)^2\right) \tag{3.5}$$

将式（3.4）和式（3.5）代入拉格朗日方程[3]：

$$\frac{\mathrm{d}}{\mathrm{d}t}\left(\frac{\partial T}{\partial \dot{q}_i}\right) - \frac{\partial T}{\partial q_i} + \frac{\partial V}{\partial q_i} = Q_i, \quad i = 1, 2, \cdots, n \tag{3.6}$$

式中，q_i 为广义坐标；Q_i 为沿广义坐标 q_i 方向作用的广义力（力矩）；T 为系统的动能函数；V 为系统的势能函数。

推导出系统的运动微分方程组为

$$\begin{cases} m_{hi,ed}\ddot{x}_{h1} - c_{q1i,ed}\dot{x}_{q1hi} - c_{q2i,ed}\dot{x}_{q2hi} - k_{q1i,ed}x_{q1hi} - k_{q2i,ed}x_{q2hi} + k_{shi}f(x_{shi}, b_{shi}) + c_{shi}\dot{x}_{shi} = 0 \\ m_{qj,ed}\ddot{x}_{qj} + c_{qj1,ed}\dot{x}_{qjh1} + c_{qj2,ed}\dot{x}_{qjh2} + c_{qj3,ed}\dot{x}_{qjh3} + c_{qj4,ed}\dot{x}_{qjh4} + k_{qj1,ed}x_{qjh1} + k_{qj2,ed}x_{qjh2} \\ + k_{qj3,ed}x_{qjh3} + k_{qj4,ed}x_{qjh4} = F_{qj} \\ m_{s,ed}\ddot{x}_s - \sum_{j=1}^{4} F_{shj} - \sum_{j=1}^{4} F_{shjd} = F_s \end{cases}$$

$$\tag{3.7}$$

式中，$i=1,2,3,4$；$j=1,2$；下标 h, s, q 分别代表环板、摆线轮、曲轴。

质量、刚度、阻尼均为当量值，定义如下：

$$m_{hi,ed} = I_{hi}/r_{bhi}^2, \ m_{qj,ed} = I_{qj}/r_{bqj}^2, \ m_{s,ed} = I_s/r_{bs}^2, \ k_{q1i,ed} = k_{q1i}/r_{bq}^2, \ k_{q2i,ed} = k_{q2i}/r_{bq}^2$$

$$c_{q1i,ed} = c_{q1i}/r_{bq}^2, \ c_{q2i,ed} = c_{q2i}/r_{bq}^2, \ F_{qj} = T_{qj}/r_{bq}, \ F_{shi} = f(x_{shi} - e_{shi}(t), b_{shi})$$

$$F_s = T_s/r_{bs}, \ F_{shi,ed} = c_{shi}f(\dot{x}_{shi} - \dot{e}_{shi}(t), b_{shi})$$

式中，I 为转动惯量；m 为齿轮的实际质量；m_{ed} 为当量质量；T_{qi}, T_s 分别为输入、输出转矩；F_{qj}, F_s 分别为转化到输入、输出端的等价啮合力；k_{q1i}, k_{q2i} 分别为曲柄与环板之间的扭转刚度；$k_{q1i,ed}, k_{q2i,ed}$ 分别为 k_{q1i}, k_{q2i} 在相应啮合作用线上的当量刚

度；c_{q1i}，c_{q2i} 分别为曲轴与环板之间的阻尼系数；$c_{q1i,ed}$，$c_{q2i,ed}$ 分别为 c_{q1i}，c_{q2i} 在相应啮合线上的当量阻尼系数；b_{shi} 为摆线轮与第 i 个环板之间的齿侧间隙；F_{shi} 为摆线轮与第 i 个环板之间的啮合力；$F_{shi,d}$ 为摆线轮与第 i 个环板之间的啮合阻尼力；$k_{shi}(t)$ 为摆线轮与第 i 个环板之间的时变啮合刚度；f 为间隙非线性函数；c_{shi} 为摆线轮与第 i 个环板之间的阻尼系数；$e_{shi}(t)$ 为综合啮合误差。

3.2.4　转化方程

式（3.7）是七自由度的半正定、变参数、非线性二阶微分方程组，系统坐标中包含了刚体位移，方程有不确定解。方程中的间隙非线性函数 $f(x,b)$ 多元函数，方程中既有非线性形式的弹性恢复力项，又有线性的恢复力，无法直接写成矩阵形式的二阶微分方程，无法进行求解分析。为了消除刚体位移的影响，使位移只与刚体间的弹性变形有关，引入相邻质量块之间的相对位移[4]：

$$
\begin{aligned}
x_{q1hi} &= x_{q1} - x_{hi} \\
x_{q2hi} &= x_{q2} - x_{hi} \\
x_{shi} &= x_s - x_{hi} - e_{shi}(t) \\
i &= 1,2,3,4
\end{aligned}
\tag{3.8}
$$

对式（3.7）进行线性变换，得到 12 个坐标转化微分方程：

$$
\left\{
\begin{aligned}
& M_1 \ddot{x}_{q1hi} + \frac{M_1}{m_{hi,ed}} c_{q1i,ed} \dot{x}_{q1hi} + \frac{M_1}{m_{hi,ed}} c_{q2i,ed} \dot{x}_{q2hi} + \frac{M_1}{m_{qi,ed}} \sum_{j=1}^{4} c_{q1j,ed} \dot{x}_{q1,hj} - \frac{M_1}{m_{hi,ed}} c_{chi} \dot{x}_{shi} + \\
& \frac{M_1}{m_{hi,ed}} k_{q1i,ed} x_{q1hi} + \frac{M_1}{m_{hi,ed}} k_{q2i,ed} x_{q2hi} - \frac{M_1}{m_{hi,ed}} k_{shi}(t) f(x_{shi}, b_{shi}) + \frac{M_1}{m_{qi,ed}} \sum_{j=1}^{4} k_{q2j,ed} x_{q2hj} \\
& = \frac{M_1}{m_{q1,ed}} F_{q1} \\
& M_2 \ddot{x}_{q2hi} + \frac{M_2}{m_{hi,ed}} c_{q1i,ed} \dot{x}_{q1hi} + \frac{M_2}{m_{hi,ed}} c_{q2i,ed} \dot{x}_{q2hi} + \frac{M_2}{m_{q2,ed}} \sum_{j=1}^{4} c_{q2j,ed} \dot{x}_{q2hj} - \frac{M_2}{m_{hi,ed}} c_{shi} \dot{x}_{shi} + \\
& \frac{M_2}{m_{hi,ed}} k_{q1i,ed} x_{q1hi} + \frac{M_2}{m_{hi,ed}} k_{q2i,ed} x_{q2hi} - \frac{M_2}{m_{hi,ed}} k_{shi}(t) f(x_{shi}, b_{shi}) + \frac{M_2}{m_{q2,ed}} \sum_{j=1}^{4} k_{q2j,ed} x_{q2hj} \\
& = \frac{M_2}{m_{q2,ed}} F_{q2} \\
& M_3 \ddot{x}_{shi} + \frac{M_3}{m_{hi}} c_{q1i} \dot{x}_{q1hi} + \frac{M_3}{m_{hi}} c_{q2i} \dot{x}_{q2hi} - \frac{M_3}{m_{hi}} c_{shi} \dot{x}_{shi} + \frac{M_3}{m_{hi}} k_{q1i} \dot{x}_{q1hi} + \frac{M_3}{m_{hi}} k_{q2i} \dot{x}_{q2hi} \\
& - \frac{M_3}{m_{hi}} k_{shi}(t) f(x_{shi}, b_{shi}) - \frac{M_3}{m_s} \sum_{j=1}^{4} F_{shj} - \frac{M_3}{m_s} \sum_{j=1}^{4} F_{shj}^d = -\frac{M_3}{m_s} F_s - \frac{M_3}{b_c} \ddot{e}_{shi}(t)
\end{aligned}
\right.
\tag{3.9}
$$

式中，

$$M_1 = \frac{m_{q1,ed} m_{hi,ed}}{m_{q1ed} + m_{hi,ed}} (i=1,2,3,4) ; \quad M_2 = \frac{m_{q2,ed} m_{hi,ed}}{m_{q2,ed} + m_{hi,ed}} (i=1,2,3,4)$$

$$M_3 = \frac{m_{s,ed} m_{hi,ed} m_s}{m_{s,ed} m_{hi,ed} + m_{hi,ed} m_s + m_s m_{s,ed}} (i=1,2,3,4)$$

定义列矢量：

$$x = \left[x_{q1h1}, x_{q1h2}, x_{q1h3}, x_{q1h4}, x_{q2h1}, x_{q2h2}, x_{q2h3}, x_{q2h4}, x_{sh1}, x_{sh2}, x_{sh3}, x_{sh4} \right]^{\mathrm{T}}$$

方程组（3.9）矩阵形式为

$$M\ddot{x} + C\dot{x} + Kf(x) = F \tag{3.10}$$

式中，F 为载荷列矢量；M 为系统的质量矩阵，

$$M = \mathrm{diag}\left[M_1, M_1, M_1, M_1, M_2, M_2, M_2, M_2, M_3, M_3, M_3, M_3 \right]$$

$f(x)$ 为线性恢复力，是间隙为 0 的特殊间隙非线性函数，函数列矢量是

$$f(x_i) = \begin{cases} x_i - b_i, & x_i > b_i \\ 0, & -b_i \leqslant x_i \leqslant b_i \\ x_i + b_i, & x_i < b_i \end{cases} \tag{3.11}$$

其中，$b_i = 0 \ (i=1,2,3,4,5,6,7)$；$b_{i+8} = b_{shi} \ (i=1,2,3,4)$。

C 是系统阻尼矩阵（12×12）：

$$C = \begin{bmatrix} C_{11} & C_{12} & C_{13} & 0 & C_{15} & 0 \\ C_{21} & C_{22} & 0 & C_{24} & 0 & C_{26} \\ C_{31} & 0 & C_{33} & C_{34} & C_{35} & 0 \\ 0 & C_{42} & C_{43} & C_{44} & 0 & C_{46} \\ C_{51} & 0 & C_{53} & 0 & C_{55} & C_{56} \\ 0 & C_{62} & 0 & C_{64} & C_{65} & C_{66} \end{bmatrix} \tag{3.12}$$

式中，

$$C_{11} = \begin{bmatrix} c_{q11} & \dfrac{M}{m_{q1}} c_{q12} \\ \dfrac{M}{m_{q1}} & c_{q12} \end{bmatrix} ; \quad C_{12} = \frac{M}{m_{q1}} \begin{bmatrix} c_{q13} & c_{q14} \\ c_{q13} & c_{q14} \end{bmatrix} ; \quad C_{13} = \begin{bmatrix} \dfrac{M}{m_{h1}} c_{q21} & 0 \\ 0 & \dfrac{M}{m_{h2}} c_{q22} \end{bmatrix}$$

$$C_{15} = \begin{bmatrix} \dfrac{M}{m_{h1}} c_{sh1} & 0 \\ 0 & -\dfrac{M}{m_{h2}} c_{sh2} \end{bmatrix} ; \quad C_{21} = \frac{M}{m_{q1}} \begin{bmatrix} c_{q11} & c_{q12} \\ c_{q11} & c_{q12} \end{bmatrix} ; \quad C_{22} = \begin{bmatrix} c_{q13} & 0 \\ \dfrac{M}{m_{q1}} c_{q13} & c_{q14} \end{bmatrix}$$

$$C_{24} = \begin{bmatrix} \dfrac{M}{m_{h3}}c_{q23} & 0 \\ 0 & -\dfrac{M}{m_{h4}}c_{q24} \end{bmatrix}; \quad C_{26} = \begin{bmatrix} \dfrac{M}{m_{h3}}c_{sh3} & 0 \\ 0 & -\dfrac{M}{m_{h4}}c_{sh4} \end{bmatrix}$$

$$C_{31} = \begin{bmatrix} \dfrac{M}{m_{h3}}c_{q11} & 0 \\ 0 & \dfrac{M}{m_{h2}}c_{q12} \end{bmatrix}; \quad C_{33} = \begin{bmatrix} c_{q21} & \dfrac{M}{m_{q2}}c_{q22} \\ \dfrac{M}{m_{q1}}c_{q22} & c_{q22} \end{bmatrix}; \quad C_{34} = \dfrac{M}{m_{q2}}\begin{bmatrix} c_{q23} & c_{q24} \\ c_{q23} & c_{q24} \end{bmatrix}$$

$$C_{35} = -\dfrac{M}{m_{h1}}\begin{bmatrix} c_{sh1} & 0 \\ 0 & c_{sh2} \end{bmatrix}; \quad C_{42} = \begin{bmatrix} -\dfrac{M}{m_{h3}}c_{q13} & 0 \\ 0 & -\dfrac{M}{m_{h4}}c_{q14} \end{bmatrix}; \quad C_{43} = \dfrac{M}{m_{q2}}\begin{bmatrix} c_{q21} & c_{q22} \\ c_{q21} & c_{q22} \end{bmatrix}$$

$$C_{44} = \begin{bmatrix} c_{q23} & \dfrac{M}{m_{q2}}c_{q24} \\ \dfrac{M}{m_{q2}}c_{q24} & c_{q24} \end{bmatrix}; \quad C_{46} = \begin{bmatrix} \dfrac{M}{m_{h3}}c_{sh3} & 0 \\ 0 & \dfrac{M}{m_{h4}}c_{sh4} \end{bmatrix}; \quad C_{51} = \begin{bmatrix} \dfrac{M}{m_{h1}}c_{q11} & 0 \\ 0 & \dfrac{M}{m_{h2}}c_{q12} \end{bmatrix}$$

$$C_{53} = \begin{bmatrix} \dfrac{M}{m_{h1}}c_{q21} & 0 \\ 0 & \dfrac{M}{m_{h2}}c_{q22} \end{bmatrix}; \quad C_{55} = \begin{bmatrix} -\left(\dfrac{M}{m_{h1}}+\dfrac{M}{m_s}\right)c_{sh1} & -\dfrac{M}{m_s}c_{sh2} \\ -\dfrac{M}{m_s}c_{sh1} & -\left(\dfrac{M}{m_{h2}}+\dfrac{M}{m_s}\right)c_{sh2} \end{bmatrix}$$

$$C_{56} = -\dfrac{M}{m_s}\begin{bmatrix} c_{sh3} & c_{sh4} \\ c_{sh3} & c_{sh4} \end{bmatrix}; \quad C_{62} = \begin{bmatrix} \dfrac{M}{m_{h3}}c_{q13} & 0 \\ 0 & \dfrac{M}{m_{h4}}c_{q14} \end{bmatrix}$$

$$C_{64} = \begin{bmatrix} \dfrac{M}{m_{h3}}c_{q23} & 0 \\ 0 & \dfrac{M}{m_{h4}}c_{q24} \end{bmatrix}; \quad C_{65} = -\dfrac{M}{m_s}\begin{bmatrix} c_{sh1} & c_{sh2} \\ c_{sh1} & c_{sh2} \end{bmatrix}$$

$$C_{66} = \begin{bmatrix} -\left(\dfrac{M}{m_{h3}} + \dfrac{M}{m_s}\right)c_{sh3} & -\dfrac{M}{m_s}c_{sh4} \\ -\dfrac{M}{m_s}c_{sh3} & -\left(\dfrac{M}{m_{h4}} + \dfrac{M}{m_s}\right)c_{sh4} \end{bmatrix}$$

K 是系统刚度矩阵（12×12）：

$$K = \begin{bmatrix} K_{11} & K_{12} & K_{13} & 0 & K_{15} & 0 \\ K_{21} & K_{22} & 0 & K_{24} & 0 & K_{26} \\ K_{31} & 0 & K_{33} & K_{34} & K_{35} & 0 \\ 0 & K_{42} & K_{43} & K_{44} & 0 & K_{46} \\ K_{51} & 0 & K_{53} & 0 & K_{55} & K_{56} \\ 0 & K_{62} & 0 & K_{64} & K_{65} & K_{66} \end{bmatrix} \tag{3.13}$$

式中，

$$K_{11} = \begin{bmatrix} k_{q11} & \dfrac{M}{m_{q1}}k_{q12} \\ \dfrac{M}{m_{q1}}k_{q12} & k_{q11} \end{bmatrix}; \quad K_{12} = \dfrac{M}{m_{q1}}\begin{bmatrix} k_{q13} & k_{q14} \\ k_{q13} & k_{q14} \end{bmatrix}; \quad K_{13} = \begin{bmatrix} \dfrac{M}{m_{q1}}k_{q21} & 0 \\ 0 & \dfrac{M}{m_{q1}}k_{q21} \end{bmatrix}$$

$$K_{15} = \begin{bmatrix} -\dfrac{M}{m_{h1}}k_{sh1} & 0 \\ 0 & -\dfrac{M}{m_{h2}}k_{sh2} \end{bmatrix}; \quad K_{21} = \dfrac{M}{m_{q1}}\begin{bmatrix} k_{q11} & k_{q12} \\ k_{q11} & k_{q12} \end{bmatrix}; \quad K_{22} = \begin{bmatrix} k_{q13} & \dfrac{M}{m_{q1}}k_{q12} \\ \dfrac{M}{m_{q1}}k_{q12} & k_{q14} \end{bmatrix}$$

$$K_{24} = \begin{bmatrix} 0 & \dfrac{M}{m_{h3}}k_{q13} \\ \dfrac{M}{m_{h4}}k_{q12} & 0 \end{bmatrix}; \quad K_{26} = \begin{bmatrix} -\dfrac{M}{m_{h3}}k_{sh3} & 0 \\ 0 & -\dfrac{M}{m_{h2}}k_{sh4} \end{bmatrix}$$

$$K_{31} = \begin{bmatrix} \dfrac{M}{m_{h1}}k_{q11} & 0 \\ 0 & -\dfrac{M}{m_{h2}}k_{q12} \end{bmatrix}; \quad K_{33} = \begin{bmatrix} k_{q21} & \dfrac{M}{m_{q2}}k_{q22} \\ \dfrac{M}{m_{q2}}k_{q21} & k_{q22} \end{bmatrix}$$

$$K_{34} = \begin{bmatrix} \dfrac{M}{m_{q1}}k_{q23} & \dfrac{M}{m_{q1}}k_{q23} \\ \dfrac{M}{m_{q2}}k_{q23} & \dfrac{M}{m_{q2}}k_{q24} \end{bmatrix}; \quad K_{35} = \begin{bmatrix} -\dfrac{M}{m_{h1}}k_{sh1} & 0 \\ 0 & -\dfrac{M}{m_{h2}}k_{sh2} \end{bmatrix}$$

$$K_{42} = \begin{bmatrix} \dfrac{M}{m_{h3}}k_{q13} & 0 \\ 0 & \dfrac{M}{m_{h4}}k_{q14} \end{bmatrix}; \quad K_{43} = \dfrac{M}{m_{q2}}\begin{bmatrix} k_{q21} & k_{q22} \\ k_{q21} & k_{q22} \end{bmatrix}$$

$$K_{44} = \begin{bmatrix} k_{q23} & \dfrac{M}{m_{q2}}k_{q24} \\ \dfrac{M}{m_{q2}}k_{q23} & k_{q24} \end{bmatrix}; \quad K_{46} = \begin{bmatrix} -\dfrac{M}{m_{h3}}k_{sh3} & 0 \\ 0 & -\dfrac{M}{m_{h4}}k_{sh4} \end{bmatrix}$$

$$K_{51} = \begin{bmatrix} \dfrac{M}{m_{h1}}k_{q11} & 0 \\ 0 & \dfrac{M}{m_{h2}}k_{q12} \end{bmatrix}; \quad K_{53} = \begin{bmatrix} \dfrac{M}{m_{h1}}k_{q21} & 0 \\ 0 & \dfrac{M}{m_{h2}}k_{q22} \end{bmatrix}$$

$$K_{55} = \begin{bmatrix} -\left(\dfrac{M}{m_{h1}}+\dfrac{M}{m_{s}}\right)k_{sh1} & -\dfrac{M}{m_{s}}k_{sh2} \\ -\dfrac{M}{m_{s}}k_{sh1} & -\left(\dfrac{M}{m_{h2}}+\dfrac{M}{m_{s}}\right)k_{sh2} \end{bmatrix}; \quad K_{56} = -\dfrac{M}{m_{s}}\begin{bmatrix} k_{sh3} & k_{sh4} \\ k_{sh3} & k_{sh4} \end{bmatrix}$$

$$K_{62} = \begin{bmatrix} \dfrac{M}{m_{h3}}k_{q13} & 0 \\ 0 & \dfrac{M}{m_{h4}}k_{q14} \end{bmatrix}; \quad K_{64} = \begin{bmatrix} \dfrac{M}{m_{h3}}k_{q23} & 0 \\ 0 & \dfrac{M}{m_{h4}}k_{q24} \end{bmatrix}$$

$$K_{65} = -\dfrac{M}{m_{s}}\begin{bmatrix} k_{sh1} & k_{sh2} \\ k_{sh1} & k_{sh2} \end{bmatrix}; \quad K_{66} = \begin{bmatrix} -\left(\dfrac{M}{m_{h3}}+\dfrac{M}{m_{s}}\right)k_{sh3} & -\dfrac{M}{m_{s}}k_{sh4} \\ -\dfrac{M}{m_{s}}k_{sh3} & -\left(\dfrac{M}{m_{h4}}+\dfrac{M}{m_{s}}\right)k_{sh4} \end{bmatrix}$$

3.2.5　方程无量纲化处理

经过无量纲化处理后的方程不依赖于具体的物理量纲，只具有形式上的运动特点，因而既可以代表线性位移形式的运动方程，又可以表示角位移形式的运动方程，在求解分析时也可以脱离具体参数的束缚。在系统的运动微分方程中，由于各个系数的数值互相差别较大，齿轮传动阻尼项一般为 $10\sim10^2$，齿轮啮合刚度为 $10^5\sim10^8\mathrm{N/m}$，振动响应有时只有 $10\mu\mathrm{m}$，甚至几微米，方程中各物理量相差的数量级很大，非线性微分方程一般采用数值方法求解，同一方程中出现相差级别较大的量，往往在误差控制和步长选择方面带来很大困难。

设

$$\omega_n = \sqrt{\overline{k}_{sh1}/M_3}$$

式中，$\overline{k}_{sh1}$ 为摆线轮与第一个环板啮合的平均刚度。

时间自变量定义为 $\tau = t\omega_n$，引进位移标称尺度 b_c。

对其他的无量纲的物理量定义如下：

$$\overline{x} = x/\overline{b}_c,\ \overline{m} = I,\ \overline{\omega} = \omega/\omega_n$$

式中，I 为单位矩阵；ω 为系统的激励频率。

令阻尼矩阵 C 中的元素、刚度矩阵 K 中的元素及载荷列向量分别为

$$\overline{c}_{ij} = c_{ij}/(M_i\omega_n),\ \overline{k}_{ij} = k_{ij}/(M_i\omega_n^2),\ \overline{F}_i(t) = F_i(t)/(M_ib_c\omega_n^2)$$

式中，$i = 1, 2, \cdots, n$；$j = 1, 2, \cdots, n$。

令 $\dot{x}, \ddot{x}$ 分别表示 x 对 τ 的一阶导数和二阶导数，则

$$\dot{x} = \frac{\mathrm{d}x}{\mathrm{d}\tau} = \frac{\mathrm{d}x}{\mathrm{d}t}\frac{\mathrm{d}t}{\mathrm{d}\tau} = \frac{\mathrm{d}(b_c\overline{x})}{\mathrm{d}t}\frac{\mathrm{d}(\tau\omega_n)}{\mathrm{d}\tau} = b_c\omega_n\dot{\overline{x}}$$

$$\ddot{x} = \frac{\mathrm{d}\dot{x}}{\mathrm{d}\tau} = \frac{\mathrm{d}(b_c\omega_n\dot{\overline{x}})}{\mathrm{d}t}\frac{\mathrm{d}t}{\mathrm{d}\tau} = b_c\omega_n^2\ddot{\overline{x}}$$

同理有

$$\overline{e}_{shi}(t) = e_{shi}(t/\omega_n)/b_c,\ \ddot{\overline{e}}_{shi}(t) = b_c\omega^2\ddot{\overline{e}}_{shi}(t)$$

$$\overline{f}_i = f(\overline{x}_i)\begin{cases} \overline{x}_i - \overline{b}_i, & \overline{x}_i > \overline{b}_i \\ 0, & -\overline{b}_i \leqslant \overline{x}_i \leqslant \overline{b}_i \\ \overline{x}_i + \overline{b}_i, & \overline{x}_i < -\overline{b}_i \end{cases}$$

经过无量纲处理，环板式针摆行星传动系统的非线性动力学方程变成一个多间隙多自由度的非线性二阶微分方程组，见式（3.14）：

$$
\left\{
\begin{aligned}
&\ddot{\overline{x}}_{q1hi} + \frac{2M_1}{m_{hi,ed}}\overline{c}_{q1i,ed}\dot{\overline{x}}_{q1hi} + \frac{2M_1}{m_{hi,ed}}\overline{c}_{q2i,ed}\dot{\overline{x}}_{q2hi} + \frac{2M_1}{m_{q1,ed}}\sum_{j=1}^{4}\overline{c}_{q1j,ed}\dot{\overline{x}}_{q1hj} - \frac{2M_1}{m_{hi,ed}}\overline{c}_{shi}\dot{\overline{x}}_{shi} \\
&+ \frac{M_1}{m_{hi,ed}}\overline{k}_{q1i,ed}\overline{x}_{q1hi} + \frac{M_1}{m_{hi,ed}}\overline{k}_{q2i,ed}\overline{x}_{q2hi} - \frac{M_1}{m_{hi,ed}}\overline{k}_{shi}(t)f(\overline{x}_{shi},\overline{b}_{shi}) + \frac{M_1}{m_{qi,ed}}\sum_{j=1}^{4}\overline{k}_{q2j,ed}\overline{x}_{q2hj} \\
&= \frac{M_1}{m_{q1,ed}}\overline{F}_{q1},\quad i=1,2,3,4 \\
&\ddot{\overline{x}}_{q2hi} + \frac{2M_2}{m_{hi,ed}}\overline{c}_{q1i,ed}\dot{\overline{x}}_{q1hi} + \frac{2M_2}{m_{hi,ed}}\overline{c}_{q2i,ed}\dot{\overline{x}}_{q2hi} + \frac{2M_2}{m_{qi,ed}}\sum_{j=1}^{4}\overline{c}_{q2j,ed}\dot{\overline{x}}_{q2hj} - \frac{2M_2}{m_{hi,ed}}\overline{c}_{shi}\dot{\overline{x}}_{shi} \\
&+ \frac{M_2}{m_{hi,ed}}\overline{k}_{q1i,ed}\overline{x}_{q1hi} + \frac{M_2}{m_{hi,ed}}\overline{k}_{q2i,ed}\overline{x}_{q2hi} - \frac{M_2}{m_{hi,ed}}\overline{k}_{shi}(t)f(\overline{x}_{shi},\overline{b}_{shi}) + \frac{M_2}{m_{q2,ed}}\sum_{j=1}^{4}\overline{k}_{q2j,ed}\overline{x}_{q2hj} \\
&= \frac{M_2}{m_{q2,ed}}\overline{F}_{q2},\quad i=1,2,3,4 \\
&\ddot{\overline{x}}_{shi} + \frac{2M_3}{m_{hi,ed}}\overline{c}_{q1i,ed}\dot{\overline{x}}_{q1hi} + \frac{2M_3}{m_{hi,ed}}\overline{c}_{q2i,ed}\dot{\overline{x}}_{q2hi} - \frac{2M_3}{m_{hi,ed}}\overline{c}_{shi,ed}\dot{\overline{x}}_{shi} + \frac{2M_3}{m_{hi,ed}}\overline{k}_{q1i,ed}\overline{x}_{q1hi} \\
&+ \frac{2M_3}{m_{hi,ed}}\overline{k}_{q2i,ed}\overline{x}_{q2hi} - \frac{2M_3}{m_{hi,ed}}\overline{k}_{shi,ed}(t)f(\overline{x}_{shi},\overline{b}_{shi}) - \frac{1}{m_s\omega_n^2}\sum_{j=1}^{4}F_{shj} - \frac{1}{m_s\omega_n}\sum_{j=1}^{4}F_{shj}^{d} \\
&= -\frac{M_3}{m_s}\overline{F}_s - \ddot{\overline{e}}_{shi}(t),\quad i=1,2,3,4
\end{aligned}
\right. \tag{3.14}
$$

将方程组（3.14）写成矩阵形式为

$$
\overline{M}\ddot{\overline{x}} + \overline{C}\dot{\overline{x}} + \overline{K}\,\overline{f}(\overline{x}) = \overline{F} \tag{3.15}
$$

3.3　系统微分方程的求解

非线性微分方程的解法主要有两种：解析方法和数值方法。常用的解析方法有谐波平衡法、增量谐波平衡法，数值方法有牛顿迭代法、Broyden 法等。本章采用 Broyden 法进行求解。

3.3.1　参量说明

1. 激励形式

方程式（3.15）右端 $\overline{F}$ 为载荷向量，设所有外部激励只考虑平均分量和单频的交变分量，其傅里叶表达式为

$$
F_i = F_{mi} + F_{ai}\cos(\omega\tau + \varphi_{pi}) \tag{3.16}
$$

式中，F_{mi} 为平均激励；F_{ai} 为激励交变分量的幅值；φ_{pi} 为相位角；ω 为简谐激励函数的角频率。

2. 响应形式

设矩阵近似解的傅里叶表达式为

$$x_i = x_{mi} + x_{ai} \cos(\omega\tau + \varphi_i) \tag{3.17}$$

式中，x_{mi} 为由平均激励引起的稳态响应中的偏移分量；x_{ai} 为由激励的交变分量引起的稳态响应中交变分量的幅值。

3. 刚度激励形式

时变啮合刚度取平均分量和一次谐波分量的傅里叶表达式为

$$k_{ij}(t) = k_{mij} + k_{aij} \cos(\omega\tau + \phi_{ij}) \tag{3.18}$$

式中，k_{mij} 为刚度激励中的平均分量；k_{aij} 为刚度激励中的交变分量。

4. 非线性函数的形式

方程式（3.11）中的非线性函数列矢量 $f(x)$ 的统一表达形式如式（3.2），$f(x)$ 中每一个元素利用傅里叶级数按需要的频率展开，表达式为

$$f(x_i) = N_{mi}x_{mi} + N_{ai}x_{ai}\cos(\omega\tau + \varphi_i) \tag{3.19}$$

式中，系数 N_{mi}，N_{ai} 是各自的描述函数。由于本章推导的统一微分方程组中，所有非线性函数都是一元间隙函数形式，因此描述函数 N_{mi}，N_{ai} 可以直接求出，令

$$\theta_i = \omega\tau + \varphi_i$$

$$N_{mi}(x_{mi}, x_{ai}) = \frac{1}{2\pi x_{mi}} \int_0^{2\pi} f(x_i)\mathrm{d}\theta_i$$

$$N_{ai}(x_{mi}, x_{ai}) = \frac{1}{2\pi x_{ai}} \int_0^{2\pi} f(x_i)\cos\theta_i\mathrm{d}\theta_i \tag{3.20}$$

将式（3.2）代入式（3.20），经过积分可以得到

$$N_{mi} = 1 + \frac{1}{2}\left(G(\frac{b_i - x_{mi}}{x_{ai}}) - G(\frac{-b_i - x_{mi}}{x_{ai}}) \right)$$

$$N_{ai} = 1 - \frac{1}{2}\left(H(\frac{b_i - x_{mi}}{x_{ai}}) - H(\frac{-b_i - x_{mi}}{x_{ai}}) \right) \tag{3.21}$$

式中，

$$G(\mu) = \begin{cases} (2/\pi)(\mu\arcsin\mu + \sqrt{1 + \mu^2}), & |\mu| \leqslant 1 \\ |\mu|, & |\mu| > 1 \end{cases}$$

$$H(\mu) = \begin{cases} -1, & \mu < -1 \\ (2/\pi)(\arcsin\mu + \sqrt{1-\mu^2}), & |\mu| \leqslant 1 \\ 1, & \mu > 1 \end{cases}$$

其中，$\mu = (\mp b_i - x_{mi})/x_{ai}$，$b_i = 0$ 时，对应的描述函数为 $N_{mi} = N_{ai} = 1$，所以无论线性还是非线性函数 $f(x)$ 都可以写成描述函数（3.19）的形式。

3.3.2　代数平衡方程

将方程式（3.16）、式（3.17）、式（3.19）写成列矢量的形式为

$$F = [F_{mi}]_{n\times1} + [F_{ai}\cos(\omega\tau + \varphi_{pi})]_{n\times1}$$

$$x = [x_{mi}]_{n\times1} + [x_{ai}\cos(\omega\tau + \varphi_i)]_{n\times1} \qquad (3.22)$$

$$f(x) = [N_{mi}x_{mi}]_{n\times1} + [N_{ai}x_{ai}\cos(\omega\tau + \varphi_i)]_{n\times1}$$

将方程式（3.18）写成平均刚度矩阵与交变刚度矩阵两部分的和：

$$k(t) = [k_{mij}]_{n\times n} + [k_{aij}\cos(\omega\tau + \varphi_i)]_{n\times n} \qquad (3.23)$$

将式（3.22）、式（3.23）代入式（3.15），得

$$m\omega^2 x_1 - (m\omega^2 + c\omega)x_2 - c\omega x_3 + [k_{mij}]_{n\times n}x_{m1} + ([k_{mij}]_{n\times n} + [k_{aij}]_{n\times n})x_{m2} - [k_{aij}]_{n\times n}x_{m3} -$$

$$[k_{mij}]_{n\times n}x_{a1} + [k_{aij}]_{n\times n}x_{a2} - [k_{aij}]_{n\times n}x_{a3} + [k_{aij}]_{n\times n}x_{a4} = F_{m1} + F_{a1} - F_{a2}, \ i,j = 1,2,\cdots,n$$

$$(3.24)$$

式中，

$$x_1 = \left[x_{qi}\sin(\varphi_i)\sin(\omega\tau)\right]_{n\times1}; \quad x_2 = \left[x_{qi}\cos(\varphi_i)\cos(\omega\tau)\right]_{n\times1}$$

$$x_3 = \left[x_{qi}\sin(\varphi_i)\cos(\omega\tau)\right]_{n\times1}; \quad x_{m1} = \left[N_{mi}x_{mi}\right]_{n\times1}$$

$$x_{m2} = \left[N_{mi}x_{mi}\cos(\varphi_i)\cos(\omega\tau)\right]_{n\times1}; \quad x_{m3} = \left[N_{mi}x_{mi}\sin(\omega\tau)\sin(\varphi_{ij})\right]_{n\times1}$$

$$x_{a1} = \left[N_{ai}x_{ai}\sin(\varphi_i)\sin(\omega\tau)\right]_{n\times1}; \quad x_{a2} = \left[N_{ai}x_{ai}\cos(\omega\tau)^2\cos(\varphi_{ij})\cos(\varphi_i)\right]_{n\times1}$$

$$x_{a3} = \left[N_{ai}x_{ai}\sin(2\omega\tau)\cos(\varphi_{ij})\sin(\varphi_i)\right]_{n\times1}$$

$$x_{a4} = \left[N_{ai}x_{ai}\sin(\omega\tau)^2\sin(\omega\tau)\sin(\varphi_i)\right]_{n\times1}; \quad F_{m1} = \left[F_{mi}\right]_{n\times1}$$

$$F_{a1} = \left[F_{ai}\cos(\omega\tau)\cos(\varphi_{pi})\right]_{n\times1}$$

$$F_{a2} = \left[F_{ai}\sin(\omega\tau)\sin(\varphi_{pi})\right]_{n\times1}$$

因为只考虑一次谐波项，忽略二次及二次以上谐波项，根据谐波平衡法令式（3.24）常数项、$\sin(\omega\tau)$ 项系数、$\cos(\omega\tau)$ 项系数相等，得到 $3n$ 个方程联立而

成的代数方程组，同样可以写成矩阵形式：

$$
\begin{cases}
k_m x_m + \dfrac{1}{2}\left(k_1 x_3 + k_2 x_4\right) - p_m = [0]_{n\times 1} \\
k_m x_3 + k_1 x_m - \omega^2 m x_1 - \omega c x_2 - p_1 = [0]_{n\times 1} \\
k_m x_4 + k_2 x_m - \omega^2 m x_2 + \omega c x_1 - p_2 = [0]_{n\times 1}
\end{cases}
\tag{3.25}
$$

式中，

$$
x_1 = \left[x_{ai}\cos\left(\varphi_i\right)\right]_{n\times 1}; \quad x_2 = \left[x_{ai}\sin\left(\varphi_i\right)\right]_{n\times 1}; \quad x_3 = \left[N_{ai}x_{ai}\cos\left(\varphi_i\right)\right]_{n\times 1}
$$

$$
x_4 = \left[N_{ai}x_{ai}\sin\left(\varphi_i\right)\right]_{n\times 1}; \quad x_m = \left[N_{mi}x_{mi}\right]_{n\times 1}; \quad k_1 = \left[k_{aij}\cos\left(\varphi_{ij}\right)\right]_{n\times 1}
$$

$$
k_2 = \left[k_{aij}\sin\left(\varphi_{ij}\right)\right]_{n\times n}; \quad p_1 = \left[p_{ai}\cos\left(\varphi_{pi}\right)\right]_{n\times 1}; \quad p_2 = \left[p_{ai}\sin\left(\varphi_{pi}\right)\right]_{n\times 1}
$$

式（3.25）就是考虑时变啮合刚度、误差、齿侧间隙时，用解析谐波平衡法求解多自由度间隙非线性动力学方程的非线性代数平衡方程组。

本章采用 Broyden 法对方程求解，通过求解非线性方程组即可得到系统在简谐激励下的稳态响应。

牛顿迭代法的非线性方程组为[5]

$$
f(x) = 0 \tag{3.26}
$$

式中，$x = [x_1, x_2, \cdots, x_n]^{\mathrm{T}}$；$f(x) = [f_1(x), f_2(x), \cdots, f_n(x)]^{\mathrm{T}}$。

设

$$
x^{(k)} = \left[x_1^{(k)}, x_2^{(k)}, \cdots, x_n^{(k)}\right]^{\mathrm{T}} \tag{3.27}
$$

是方程组（3.26）的第 k 步近似解，在 $x^{(k)}$ 做泰勒展开，线性化后用 $x^{(k+1)}$ 代替 x 得

$$
f_i(x^{(k+1)}) = f_i(x^{(k)}) + \frac{\partial f_i(x^{(k)})}{\partial x_1}(x_1^{(k+1)} - x_1^{(k)}) + \cdots + \frac{\partial f_i(x^{(k)})}{\partial x_n}(x_n^{(k+1)} - x_n^{(k)}), \quad i = 1, 2, \cdots, n
\tag{3.28}
$$

f 的雅可比矩阵为

$$
f'(x) = \begin{bmatrix}
\dfrac{\partial f_1}{\partial x_1} & \cdots & \dfrac{\partial f_1}{\partial x_1} \\
\vdots & & \vdots \\
\dfrac{\partial f_n}{\partial x_1} & \cdots & \dfrac{\partial f_n}{\partial x_n}
\end{bmatrix}
\tag{3.29}
$$

式（3.28）可以写为

$$
f(x^{(k+1)}) = f(x^{(k)}) + f'(x^{(k)})(x^{(k+1)} - x^{(k)}) \tag{3.30}
$$

若 $f'(x^{(k)})$ 可逆，则由式（3.30）可得求解方程组（3.26）的迭代公式为

$$
x^{(k+1)} = x^{(k)} - \left(f'(x^{(k)})\right)^{-1} f(x^{(k)})
$$

计算过程中要先计算 $f(x^{(k)})$，$f'(x^{(k)})$。

解方程组

$$f'(x^{(k)}\Delta x^{(k)}) = -f(x^{(k)}) \tag{3.31}$$

得 $\Delta x^{(k)}$，令

$$x^{(k+1)} = x^{(k)} + \Delta x^{(k)} \tag{3.32}$$

即可得到方程组的解，但用式（3.28）求解方程组（3.26）时，每一步都要计算雅可比矩阵 $f'(x^{(k)})$，当函数 f 比较复杂显然是不方便的，甚至根本无法解析地计算。

Broyden 法为了克服上述缺点，需要寻找一个矩阵 $A^{(k)}$，使

$$A^{(k)} = \frac{f(x^{(k)}) - f(x^{(k-1)})}{x^{(k)} - x^{(k-1)}} \tag{3.33}$$

用 $A^{(k)}$ 代替 $f'(x^k)$，将 $x^{(k+1)} = x^{(k)} - \left(f'(x^{(k)})\right)^{-1} f(x^{(k)})$ 变为

$$x^{(k+1)} = x^{(k)} - (A^{(k)})^{-1} f(x^{(k)})$$

具体迭代过程如下：

（1）给出初始解 x_0^* 及精度要求 ε_1，ε_2；

（2）计算 $DF(x)$（$F(x)$ 的雅可比表达式），令 $B_0 = DF\left(x^{(0)}\right)$（$x^{(0)}$ 为初值）；

（3）令 $k = 0$，计算 $\Delta x^{(0)}$；

（4）计算 $\Delta x^{(k)} = -B_k F\left(x^{(k)}\right)$ 及 $x^{(k+1)} = x^{(k)} + \Delta x$；

（5）计算 $F\left(x^{(k+1)}\right)$，检验 $\left\|F\left(x^{(k+1)}\right)\right\| \leqslant \varepsilon_2$，或 $\left\|\Delta x^{(k)}\right\| \leqslant \varepsilon_1$，若满足条件转步骤（8），否则转步骤（6）；

（6）计算 $y^{(k)} = F\left(x^{(k+1)}\right) - F\left(x^k\right)$，并计算 B_{k+1}；

（7）$k+1 \to k$，$F\left(x^{(k+1)}\right) \to F\left(x^{(k)}\right)$，$B_{k+1} \to B_k$，$x^{(k+1)} \to x^{(k)}$；

（8）$x^* = x^{(k+1)}$，输出 x^*，$\left\|F\left(x^{(k+1)}\right)\right\|$，$\left\|s^{(k)}\right\|$。

3.4　系统的频域特性分析

根据表 2.1 给出的系统参数，计算出系统的固有频率如表 3.1 所示，表中同时给出了无量纲化处理后对应频率值 Ω_i。

表 3.1 中的第 1 阶频率为 0，明显低于其他各阶频率的数量级，实际上这正是系统的零频。第 2 阶频率才是系统的第 1 阶固有频率。第 3，4 阶频率相同，第 6，7 阶频率也相同，即系统出现重频，这是由于环板式针摆行星传动系统结构形式的对称性引起的。

表 3.1　环板式针摆行星传动系统的固有频率

模态阶数	固有频率/Hz	无量纲频率
1	0	0
2	2484.6	0.3667
3	7261.0	1.1075
4	7261.0	1.1075
5	18243	2.7856
6	20023	3.0540
7	20023	3.0540

3.4.1　系统的幅频曲线

当齿轮幅间隙、啮合误差和阻尼系数为零，方程（3.15）为线性动力学微分方程，本章采用 Broyden 法求解线性微分方程，计算得到线性系统的动态特性频响曲线，取位移标称尺度 $b_c = 0.01\text{mm}$，无量纲间隙 $b = 4$，无量纲误差幅值 $e = 2$，计算得出非线性系统的频响曲线，为对比将线性与非线性系统的频响曲线画在同一幅图上，如图 3.2 所示，图中，x_{sh}，x_{qh} 分别表示环板与摆线轮、曲轴与环板之间的交变幅值。

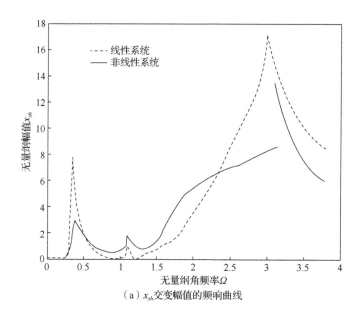

（a）x_{sh} 交变幅值的频响曲线

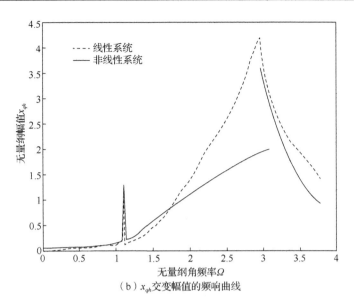

（b）x_{qh} 交变幅值的频响曲线

图 3.2 线性与非线性系统的幅频响应对比

由图 3.2 可以看出，系统在无量纲激励频率 0.35,1.1,3 附近系统发生了共振，与系统的固有频率接近。特别在无量纲激励频率 Ω_i =3 附近，系统出现了多值解及跳跃现象的典型非线性特征。考虑间隙影响时，摆线轮与环板啮合处的非线性特征比较强烈，曲轴与环板接触处的非线性特征弱一些，但都存在相互耦合。

3.4.2 参数对系统动态特性的影响

1. 阻尼系数对系统幅频曲线的影响

在其他参数不变的条件下，改变系统的阻尼系数，分别取阻尼系数 ξ = 0,0.02,0.1,0.8,2 五种情况对环板与摆线轮传动的频响特性进行计算，结果如图 3.3 所示。

由图 3.3 可以看出，当阻尼系数取不同值时，系统中环板上的针齿与摆线轮啮合振动的频响曲线在 Ω=3 共振频率附近都出现了幅值跳跃不连续现象，在低频区域与线性系统几乎一样，表现出非冲击状态。随着系统阻尼系数的增大，齿轮副的传动误差幅值逐渐减小，频响函数接近单值函数，幅值产生突跳所在频率几乎是相同的，当阻尼系数增大到一定值时，振动幅值的跳跃及多值现象消失。

2. 时变啮合刚度幅值对系统幅频曲线的影响

根据谐波平衡法，啮合刚度取平均分量和交变分量两部分，即

$$k_{ij} = k_{mij} + k_{aij} \cos(\omega\tau + \phi_{ij}) \tag{3.34}$$

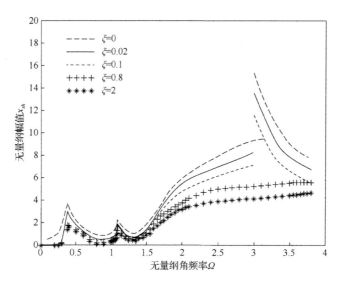

图 3.3　阻尼系数对 x_{sh} 幅频曲线的影响

定义时变啮合刚度波动系数为

$$K_i = \frac{k_{aij}}{k_{mij}} \qquad (3.35)$$

K_i 越大，说明啮合刚度波动的越强烈，$K_i=0$ 时表示啮合刚度为定值。在其他参数不变的条件下，分别取时变啮合刚度波动系数 $K_i=0,0.2,0.4,0.6,1$ 五种情况，计算环板上的针齿与摆线轮啮合的幅频响应，如图 3.4 所示。

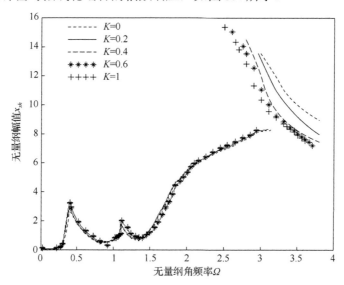

图 3.4　时变啮合刚度对 x_{sh} 幅频曲线的影响

　　由图 3.4 可以看出，当刚度波动系数取不同值时环板式针摆行星传动系统中环板上的针齿与摆线轮啮合振动的幅频曲线在共振频率附近都出现了幅值跳跃不连续现象；当频率系数 Ω 小于 3 时，5 条幅频曲线几乎重合，与线性系统类似；当频率系数 $\Omega = 3$ 时，5 条幅频曲线都出现了跳跃不连续现象。

　　随着刚度波动系数的增加，最大振幅对应的共振频率沿频率轴向低频区移动。由此可见，系统非线性动力学特性的出现，不以啮合刚度波动为必要条件，但啮合刚度波动对系统的非线性动态特性的影响却相当大。啮合刚度的波动强化了与齿侧间隙相关的非线性程度，使得轮齿啮合出现冲击的频率范围增加了，而且振动幅值也加大了。

3.　综合啮合误差对系统幅频曲线的影响

综合啮合误差取基频分量为

$$e(t) = e\cos(\Omega t + \varphi) \tag{3.36}$$

　　在其他参数不变的条件下，改变系统的误差无量纲幅值 e，取 $e = 0.2, 0.6, 1.0, 1.5, 3$ 五种情况，分析环板上的针齿与摆线轮啮合传动的频响特性，曲线如图 3.5 所示。

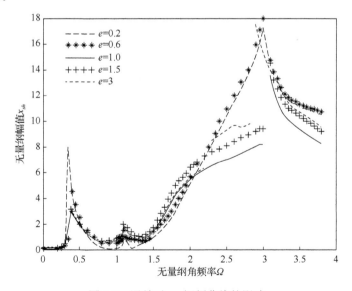

图 3.5　误差对 x_{sh} 幅频曲线的影响

　　由图 3.5 可以看出，当误差较小时，即激励中的交变分量较小，虽然齿轮系统中存在间隙，但处于非冲击状态，没有出现幅值跳跃典型的非线性特征，系统具有线性特性。随着误差逐渐增大，系统出现了复杂的非线性特征和幅值跳跃，且幅值的突跳和响应的幅值也逐渐变大，由此可见，在系统传动中，误差激励的交变分量大小直接影响着啮合过程是否出现非线性动态响应，在平均分量一定的情况下，交变激励越大，系统响应的非线性程度越严重。

通过以上分析发现，环板式针摆行星传动系统存在着丰富的非线性动态特性，在实际应用中应重视阻尼、啮合误差、时变啮合刚度等非线性因素的影响。

3.5　本　章　小　结

（1）考虑时变啮合刚度、误差和齿侧间隙等因素建立了环板式针摆行星传动系统的非线性动力学模型，推导出了系统运动微分方程组，并通过无量纲处理得到了系统的统一微分方程。

（2）采用 Broyden 法求解了系统的线性和非线性微分方程，分析了环板与摆线轮啮合处的阻尼、误差和时变啮合刚度对系统幅频曲线的影响。分析结果表明，系统在这些非线性影响因素的作用下，表现出多值解及跳跃等典型非线性特征，说明该系统是强非线性系统。

参 考 文 献

[1] 张伟，胡海岩. 非线性动力学理论与应用的新进展. 北京：科学出版社，2009.

[2] 闻邦椿，李以农，韩清凯. 非线性振动理论中的解析方法及工程应用. 沈阳：东北大学出版社，2001.

[3] 季文美，方同，陈松淇. 机械振动. 北京：科学出版社，1985.

[4] 鲍和云. 两级星形齿轮传动系统分流特性及动力学研究. 南京：南京航空航天大学，2006.

[5] 林成森. 数值计算方法. 北京：科学出版社，1998.

第4章 环板式针摆行星传动非线性动态特性分析

4.1 引 言

研究非线性系统的动态特性主要是研究平衡态的稳定性和系统周期运动的形式及其稳定性。在工程中，对平衡位置稳定性及运动状态稳定性的研究具有十分重要的意义。在某些情况下，确定系统在平衡位置上是否稳定或研究所出现的运动状态的稳定性，比研究运动状态本身还重要。尤其对于自激振动系统，关键是研究自激振动的稳定性及系统的参数对稳定性的影响。非线性系统振动的稳态运动形式有平衡态、周期运动、准周期运动和混沌运动。其中，混沌现象被认为是20世纪的重大发现，混沌是指一些确定的系统对初值十分敏感，即初值微小扰动会使系统长期运动发生很大变化的有界的不规则的稳态运动形式。现在对于非线性系统的研究相当大一部分是对于混沌的研究。随着对混沌理论的深入研究，人们发现在力学、物理学、化学、生物学等方面都存在混沌现象，产生了大量的研究成果[1-11]。

4.2 分析非线性系统的方法

分析非线性振动的方法有时间历程响应、相平面曲线、Poincaré 映射图和快速傅里叶变换（fast Fourier transform，FFT）谱图、Liapunov 指数、维数等，每一种方法都得到从不同侧面反映出的系统特性。

4.2.1 时间历程

时间历程即时域波形图可以清楚地显示振动系统的响应随时间变化的规律。由于混沌运动具有局部不稳定而整体稳定的特征，对于任意初值都可以得到几乎完全相同的长时间定常运动状态的行为，时间历程不能区分随机运动和混沌运动[12]。

4.2.2 相平面图

相平面是一种图解法，振动系统的状态可用位移 x 和速度 y 来表示。xy 平面上的点即为相点，在平面上的积分曲线称为相轨迹。根据相轨迹可了解系统发生的运动总情况。如果出现闭轨线，则系统存在周期解，当经过无数个循环，无法获得封闭轨线，这时系统可能产生混沌运动。

如微分方程

$$\frac{\mathrm{d}^2 x}{\mathrm{d}t^2} + f\left(x, \frac{\mathrm{d}x}{\mathrm{d}y}\right) = 0 \qquad (4.1)$$

令 $\dfrac{\mathrm{d}x}{\mathrm{d}t} = y$，则式（4.1）可写为以下一阶方程组：

$$\frac{\mathrm{d}x}{\mathrm{d}t} = y = P(x, y) \qquad (4.2)$$

$$\frac{\mathrm{d}y}{\mathrm{d}t} = -f(x, y) = Q(x, y) \qquad (4.3)$$

$$\frac{\mathrm{d}y}{\mathrm{d}x} = \frac{Q(x, y)}{P(x, y)} = m = \mathrm{const} \qquad (4.4)$$

由系统平衡点应满足的条件为

$$\frac{\mathrm{d}x}{\mathrm{d}t} = 0, \frac{\mathrm{d}y}{\mathrm{d}t} = 0 \qquad (4.5)$$

推导出

$$x = x_0 = \mathrm{const}, y = y_0 = \mathrm{const} \qquad (4.6)$$

式中，const 为常数。

由式（4.4）可以连成一曲线，这些斜率相等的曲线（直线）称为等倾线。

在 xy 平面上作出斜率相同的点，把它们连成曲线，然后由初始点 (x_0, y_0) 开始，向前向后依次作微小线段，使此微小线段平行于代表该点斜率的线段，并将这些小线段顺次连接起来即可求得相轨迹。

4.2.3　Poincaré 映射截面

Poincaré 映射是一种用于研究强非线性系统全局形态的有效方法，这种方法也是一种图解法。Poincaré 映射截面定义如下[13]。

设 $\sum \subset R^n$ 是某个 $n-1$ 维超曲面的一部分，如果对于任意 $x \in \sum$，$\sum$ 的法矢量 $n(x)$ 满足对向量场 $f(x)$ 或 $f(x,t)$ 的不垂直条件：

$$n^{\mathrm{T}}(x) f(x) \neq 0 \text{ 或 } n^{\mathrm{T}}(x) \cdot f(x, t) \neq 0 \qquad (4.7)$$

则称 $\sum$ 是向量场 $f(x)$ 或 $f(x,t)$ 的 Poincaré 映射截面。

Poincaré 映射定义为：对于一条相轨线 Γ 和相点 $x_P \in \Gamma$，作一足够小的 Poincaré 映射截面 $\sum$，使 Γ 和 $\sum$ 相交于 x_P。根据微分方程关于初始条件的连续性定理，存在点 x_P 的邻域 $X_\Gamma = \delta(x_p)$，使得从任意的 $x \in x_\Gamma$ 出发的相轨线可以回归到 $\sum$：

$$P : X_\Gamma \to \Sigma \qquad (4.8)$$

该映射称为 Poincaré 映射，其点集图称为 Poincaré 映射图。

Poincaré 截面是一种设想在相空间中作一个横截面，系统的运动状态在 Poincaré 截面中可以定性地观察出来。系统经过连续的映射可以在 Poincaré 截面上观察到不同形式的相点或轨迹线。依据其拓扑性质可以判定系统出现周期运动、拟周期运动或混沌运动。在 Poincaré 截面上所出现孤立点或有限个孤立点、闭曲线和分布在一定区域上的不可数集，分别表示系统是周期 1 运动或周期 k 运动、拟周期运动和混沌运动。

4.2.4　频谱分析

频谱分析应与 Poincaré 映射点集的观察结合。谱分析的对象是点映射产生的一个离散点列，或微分方程的解在不同时刻的值构成的一个离散点列（不一定是 Poincaré 点集）。采用傅里叶方法分析拟周期运动，在频谱图上表现为离散谱线，混沌运动在频谱图上呈现为连续的谱线。混沌谱往往是在连续谱上迭加了一些具有一定宽度的线状谱宽峰，宽峰的中心频率即轨线绕空洞做近似周期运动的平均频率。

本章采用时间历程响应、相平面曲线、Poincaré 映射图和 FFT 谱图分析系统的非线性动态响应特性。

4.3　系统非线性微分方程的求解

4.3.1　求解方法

在工程实际中所遇到的微分方程，多数情况不存在初等形式的解析解，只能用近似的方法来求解。近似解法主要有两类：一类为近似解析方法，它能给出解的近似表达式。常用的近似解析方法主要有摄动法、平均法、KBM（Krylov Bogoliubov Mitropolsky）法、多尺度法、Garlerkin 法与谐波平衡法等，可以求解弱非线性系统的初值问题。另一类为数值方法，它可以解在一些离散点上的近似值。常用数值方法有欧拉单步折线方法、定步长和变步长的龙格-库塔法、定步长和变步长的 Gill 方法以及隐式的多步法等，对于强非线性动力系统，一般采用数值解法。

设微分方程

$$\begin{cases} \dot{y} = f(x, t) \\ y(x_0) = y_0 \end{cases} \qquad (4.9)$$

用数值方法求解非线性动力学系统的微分方程的基本思路是：对于给定的终止时

刻 $t_{\max}$，取足够大的正整数 N，将时间段 $[t_0, t_{\max}]$ 离散为

$$t_k = t_0 + k\Delta t, \Delta t = (t_{\max} - t_0)/N, \quad k = 0, 1, 2, \cdots, N \quad (4.10)$$

在每一个短时间间隔内，对方程组（4.9）进行积分，根据积分中值定理，存在 $s_k \in [t_k, t_{k+1}]$ 使得

$$y(t_{k+1}) = y(t_k) + \int_k^{k+1} f(v(s), s)\mathrm{d}s = y(t_k) + f(v(s_k), s_k)\Delta t \quad (4.11)$$

若能通过某种计算方法得到上述 $s_k (k = 0, 1, \cdots, N)$ 的近似值，则可以获得 $y(t)$ 在 $[t_k, t_{k+1}]$ 上离散的近似值 y_k。相邻两个离散点的时间距离 $h = t_{m+1} - t_m$，称为计算步长。

本章采用 4～5 阶龙格-库塔方程变步长数值方法，求解非线性微分方程组（3.7），并分析其动态响应。

龙格-库塔法就是利用上述原理进行求解的，设一阶微分方程组为[14]

$$\begin{cases} \dot{y}_1(t) = f_1(t, y_1(t), y_2(t), \cdots, y_n(t)) \\ \dot{y}_2(t) = f_2(t, y_2(t), y_2(t), \cdots, y_n(t)) \\ \cdots\cdots \\ \dot{y}_n(t) = f_n(t, y_1(t), y_2(t), \cdots, y_n(t)) \\ y_1(t_0) = y_{10}, y_2(t_0) = y_{20}, \cdots, y_n(t_0) = y_{n0} \end{cases} \quad (4.12)$$

设积分步长为 h，当已知 t_j 时刻的 $y_{ij} (j = 1, 2, \cdots, n)$ 的值，从 t_j 点积分到 t_{j+1} 点而得到 $y_{i,j+1}$。

龙格-库塔公式为

$$y_{i,j+1} = y_{i,j} + \frac{1}{6}(k_{i1} + 2k_{i2} + 2k_{i3} + k_{i4})$$

$$k_{i1} = hf_i(t_j, y_{1j}, y_{2j}, \cdots, y_{nj})$$

$$k_{i2} = hf_i\left(t_j + \frac{h}{2}, y_{1j} + \frac{k_{11}}{2}, y_{2j} + \frac{k_{21}}{2}, \cdots, y_{nj} + \frac{k_{n1}}{2}\right)$$

$$k_{i3} = hf_i\left(t_j + \frac{h}{2}, y_{1j} + \frac{k_{12}}{2}, y_{2j} + \frac{k_{22}}{2}, \cdots, y_{nj} + \frac{k_{n2}}{2}\right) \quad (4.13)$$

$$k_{i4} = hf_i(t_j + h, y_{1j} + k_{13}, y_{2j} + k_{23}, \cdots, y_{nj} + k_{n3})$$

$$i = 1, 2, \cdots, n$$

前面所述计算公式是定步长龙格-库塔公式，在实际计算时，要采用变步长，计算步骤是：以 h 为步长，ε 为计算精度，由 $y_{i,j}$ 来计算 $y_{i,j+1}^{(h)} (i = 1, 2, \cdots, n)$ 再以 $h/2$ 为步长由 $y_{i,j}$ 计算 $y_{i,j+1}^{(h/2)}$，若满足条件

$$\max_{1\leqslant i\leqslant n}\left|y_{i,j+1}^{(h/2)} - y_{i,j+1}^{(h)}\right| < \varepsilon \tag{4.14}$$

取

$$y_i\left(t_j\right) = y_{i,j}^{(h/2)} \tag{4.15}$$

若不满足精度要求，将步长折半再进行计算，直到满足条件

$$\max_{1\leqslant i\leqslant n}\left|y_{i,j+1}^{(h/2^m)} - y_{i,j+1}^{(h/2^{m-1})}\right| < \varepsilon$$

步长折半停止，最后取

$$y_i\left(t_j\right) = y_{i,j}^{(h/2^m)} \tag{4.16}$$

式中，m 为折半计算的次数。

采用龙格-库塔法求解微分方程的方法已相当成熟，一些数学软件包均提供了经过代码优化的程序，使用者不需自己编程。如 MATLAB 为解决常微分方程初值问题提供了一套系统的数值解法程序，包括解算子、ODE 文件和参数选项 Options。解算子是指 MATLAB 提供的各种常微分方程初值问题数值解法程序，如 ODE45 和 ODE15s 等；ODE 文件是指被解算子调用的，是由用户自己编写的；参数选项 Options 是可用 Odeset 指令来设置一些可选的参数值。

4.3.2　积分初值的选取

积分初值的选择对微分方程组的求解至关重要，计算的成败在很大程度上取决于初值的选取是否合理。选择合理的初值，即可用上述数值积分法进行求解，并能得到满意的结果。文献[13]阐述的求解齿轮动力学微分方程初值的几种方法介绍如下。

1. 初始位移与初始速度都取 "0"

这种初值条件对应着齿轮系统从不受载的静止状态起动时的瞬间情况，因此这种初值条件的优点是可以得到系统的瞬态响应。但如果想要得到系统的稳态解，特别是当系统的固有频率比起稳态响应的频率要小得多的情况下，瞬态自由振动的周期比稳态响应的周期大得多，如果此时阻尼比较小，则需要很长的衰减时间才可能收敛到稳态解。在计算机求解中这种情况不仅耗费机时，而且极有可能由于误差累积造成计算失败。

2. 初始位移由平均负载下系统的静态变形确定，初始速度由系统的理论转速确定

这种初值条件比较接近于齿轮的稳定运转状态，可以用来求解稳态响应。但

是这种初值也存在弊端，由于速度初值很大，可能导致数值积分过程不稳定。因为这种初始角速度的主体部分对应的是系统的刚体转动，有时在前几个周期尚能得到正确结果，而后面的计算则可能由于刚体位移随时间的急剧膨胀而发散。

3. 初始位移由静态变形确定，初始速度取"0"

这种初值条件由于采用静变形的位移条件比较接近稳态振动的弹性变形，同时采用了"0"速度初值，剔除了系统中刚体转动的成分，只剩下振动分量，因此很适合求解稳态响应。

本章采用第三种确定方法"初始位移由静态变形确定，初始速度取'0'"，令方程（4.9）中的阻尼、质量都为0，并且忽略方程中刚度的波动，只考虑静态负载，不考虑交变激励，则可以得到原始动力学方程（4.9）对应的静态变形方程。

$$\begin{cases} k_{q11}x_{q1} + k_{q21}x_{q2} - \left(k_{q11} + k_{q21} - k_{sh1}\right)x_{h1} - k_{sh1}x_s = 0 \\ k_{q12}x_{q1} + k_{q22}x_{q2} - \left(k_{q12} + k_{q22} - k_{sh2}\right)x_{h2} - k_{sh2}x_s = 0 \\ k_{q13}x_{q1} + k_{q23}x_{q2} - \left(k_{q13} + k_{q23} - k_{sh3}\right)x_{h3} - k_{sh3}x_s = 0 \\ k_{q14}x_{q1} + k_{q24}x_{q2} - \left(k_{q14} + k_{q24} - k_{sh4}\right)x_{h4} - k_{sh4}x_s = 0 \\ \left(k_{q11} + k_{q12} + k_{q13} + k_{q14}\right)x_{q1} - k_{q11}x_{h1} - k_{q12}x_{h2} - k_{q13}x_{h3} - k_{q14}x_{h4} = F_{q1} \\ \left(k_{q21} + k_{q22} + k_{q23} + k_{q24}\right)x_{q2} - k_{q21}x_{h1} - k_{q22}x_{h2} - k_{q23}x_{h3} - k_{q24}x_{h4} = F_{q2} \\ \left(k_{sh1} + k_{sh2} + k_{sh3} + k_{sh4}\right)x_s - k_{q11}x_{h1} - k_{q12}x_{h2} - k_{q13}x_{h3} - k_{q14}x_{h4} = F_s \end{cases} \quad (4.17)$$

写成矩阵形式

$$Kx = f \quad (4.18)$$

式中，

$$x = \left[x_{h1}, x_{h2}, x_{h3}, x_{h4}, x_{q1}, x_{q2}, x_s\right]^{\mathrm{T}}$$

$$f = \left[0, 0, 0, 0, F_{q1}, F_{q2}, F_s\right]^{\mathrm{T}}$$

$$K = \begin{bmatrix} k_{11} & 0 & 0 & 0 & k_{15} & k_{16} & k_{17} \\ 0 & k_{22} & 0 & 0 & k_{25} & k_{26} & k_{27} \\ 0 & 0 & k_{33} & 0 & k_{35} & k_{36} & k_{37} \\ 0 & 0 & 0 & k_{44} & k_{45} & k_{46} & k_{47} \\ k_{51} & k_{52} & k_{53} & k_{54} & k_{55} & 0 & 0 \\ k_{61} & k_{62} & k_{63} & k_{64} & 0 & k_{66} & 0 \\ k_{71} & k_{72} & k_{73} & k_{74} & 0 & 0 & k_{77} \end{bmatrix}$$

其中，

$$k_{11} = -\left(k_{q11} + k_{q21} - k_{sh1}\right),\ k_{15} = k_{q11},\ k_{16} = k_{q21},\ k_{17} = -k_{sh1}$$

$$k_{22} = -\left(k_{q12} + k_{q22} - k_{sh2}\right),\ k_{25} = k_{q12},\ k_{26} = k_{q22},\ k_{27} = -k_{sh2}$$

$$k_{33} = -\left(k_{q13} + k_{q23} - k_{sh3}\right),\ k_{35} = k_{q13},\ k_{36} = k_{q23},\ k_{37} = -k_{sh3}$$

$$k_{44} = -\left(k_{q14} + k_{q24} - k_{sh4}\right),\ k_{45} = k_{q14},\ k_{46} = k_{q24},\ k_{47} = -k_{sh4}$$

$$k_{51} = -k_{q11},\ k_{52} = -k_{q12},\ k_{53} = -k_{13},\ k_{54} = k_{q14},\ k_{55} = \left(k_{q11} + k_{q12} + k_{q13} + k_{q14}\right)$$

$$k_{61} = -k_{q21},\ k_{62} = -k_{q22},\ k_{63} = -k_{q23},\ k_{64} = k_{q24},\ k_{66} = \left(k_{q21} + k_{q22} + k_{q23} + k_{q24}\right)$$

$$k_{71} = -k_{q11},\ k_{72} = -k_{q12},\ k_{73} = -k_{q13},\ k_{74} = -k_{q14},\ k_{77} = \left(k_{sh1} + k_{sh2} + k_{sh3} + k_{sh4}\right)$$

K 为系统的刚度矩阵，由于直接由动力学模型建立的原始方程组（3.7）中存在着刚体位移，方程（4.18）的刚度矩阵 K 是奇异矩阵，会引起解的严重失真，所以我们需要引入边界条件对方程（4.18）进行处理，本章采用划行划列方法求解方程。通过约束处理消除了刚体位移，利用线性代数知识就可以求解方程，可得到负载作用下环板式针摆行星传动系统的静态位移，此静态位移便可作为求解非线性微分方程组的初始条件。

4.3.3　方程组的降阶处理

为采用数值方法求解微分方程组（3.7），需对其进行降阶处理，化为一阶导数形式的状态方程组，即转化为式（4.9）形式的标准微分方程组初值问题。

做如下变换：

$$\frac{\mathrm{d}\dot{X}}{\mathrm{d}t} = M^{-1}F - M^{-1}C\dot{X} - M^{-1}KX$$

$$\frac{\mathrm{d}X}{\mathrm{d}t} = \dot{X} \tag{4.19}$$

令

$$\dot{X} = I\dot{X}$$

式中，I 与 M 是维数相同的矩阵，则式（3.7）变为矩阵形式：

$$\begin{bmatrix} \ddot{X} \\ \dot{X} \end{bmatrix} = \begin{bmatrix} -M^{-1}C & -M^{-1}K \\ I & 0 \end{bmatrix} \begin{bmatrix} \dot{X} \\ X \end{bmatrix} + \begin{bmatrix} MF \\ 0 \end{bmatrix} \tag{4.20}$$

令 $Y = \begin{bmatrix} \dot{X} \\ X \end{bmatrix}$，则 $\dot{Y} = \begin{bmatrix} \ddot{X} \\ \dot{X} \end{bmatrix}$，故

$$\dot{Y} = \begin{bmatrix} -M^{-1}C & -M^{-1}K \\ I & 0 \end{bmatrix} Y + \begin{bmatrix} M F \\ 0 \end{bmatrix} \tag{4.21}$$

经过变换，方程由原来的 n 维二阶微分方程转换为可以利用数值方法求解的 $2n$ 维一阶微分方程，可以用数值法求解。

在式（3.7）中，令

$$x_{q1h1}=x_1 , x_{q1h2}=x_2 , x_{q1h3}=x_3 , x_{q1h4}=x_4$$

$$x_{q2h1}=x_5 , x_{q2h2}=x_6 , x_{q2h3}=x_7 , x_{q2h4}=x_8$$

$$x_{sh1}=x_9 , x_{sh2}=x_{10} , x_{sh3}=x_{11} , x_{sh4}=x_{12}$$

$$\dot{x}_{q1h1}=x_{13} , \dot{x}_{q1h2}=x_{14} , \dot{x}_{q1h3}=x_{15} , \dot{x}_{q1h4}=x_{16}$$

$$\dot{x}_{q2h1}=x_{17} , \dot{x}_{q2h2}=x_{18} , \dot{x}_{q2h3}=x_{19} , \dot{x}_{q2h4}=x_{20}$$

$$\dot{x}_{sh1}=x_{21} , \dot{x}_{sh2}=x_{22} , \dot{x}_{sh3}=x_{23} , \dot{x}_{sh4}=x_{24}$$

将一阶导数项移到方程右边，其余的移到方程左边，将式（3.7）改写为

$$X'=AX+F(X) \tag{4.22}$$

式中，

$$X=\left[x_1,x_2,\cdots,x_{24}\right]^{\mathrm{T}}$$

$$F(X)=\left[f_1,f_2,\cdots,f_{24}\right]^{\mathrm{T}}$$

$$A=\begin{bmatrix} K_{11} & K_{12} & K_{13} & K_{14} \\ K_{21} & K_{22} & K_{23} & K_{24} \\ K_{31} & K_{32} & K_{33} & K_{34} \\ K_{41} & K_{42} & K_{43} & K_{44} \end{bmatrix}$$

其中，$K_{11},K_{12},K_{21},K_{22}$ 为六阶零矩阵；$K_{13},K_{14},K_{23},K_{24}$ 为六阶单位矩阵；其余矩阵如下：

$$K_{31}=-\begin{bmatrix} \dfrac{k_{q11}}{\omega_n^2} & \dfrac{k_{q12}}{\omega_n^2 m_{q1}} & \dfrac{k_{q13}}{\omega_n^2 m_{q1}} & \dfrac{k_{q14}}{\omega_n^2 m_{q1}} & \dfrac{k_{q21}}{\omega_n^2 m_{h1}} & 0 \\[3mm] \dfrac{k_{q11}}{\omega_n^2 m_{q1}} & \dfrac{k_{q12}}{\omega_n^2} & \dfrac{k_{q13}}{\omega_n^2 m_{q1}} & \dfrac{k_{q14}}{\omega_n^2 m_{q1}} & 0 & \dfrac{k_{q22}}{\omega_n^2 m_{h2}} \\[3mm] \dfrac{k_{q11}}{\omega_n^2 m_{q1}} & \dfrac{k_{q12}}{\omega_n^2 m_{q1}} & \dfrac{k_{q13}}{\omega_n^2} & \dfrac{k_{q14}}{\omega_n^2 m_{q1}} & 0 & 0 \\[3mm] \dfrac{k_{q11}}{\omega_n^2 m_{q1}} & \dfrac{k_{q12}}{\omega_n^2 m_{q1}} & \dfrac{k_{q13}}{\omega_n^2 m_{q1}} & \dfrac{k_{q14}}{\omega_n^2} & 0 & 0 \\[3mm] \dfrac{k_{q11}}{\omega_n^2 m_{h1}} & 0 & 0 & 0 & \dfrac{k_{q21}}{\omega_n^2} & \dfrac{k_{q22}}{\omega_n^2 m_{h1}} \\[3mm] 0 & \dfrac{k_{q12}}{\omega_n^2 m_{h2}} & 0 & 0 & \dfrac{k_{q21}}{\omega_n^2 m_{q2}} & \dfrac{k_{q22}}{\omega_n^2} \end{bmatrix}$$

$$K_{32} = -\begin{bmatrix} 0 & 0 & -\dfrac{k_{sh1}}{\omega_n^2 m_{h1}} & 0 & 0 & 0 \\[3mm] 0 & 0 & 0 & -\dfrac{k_{sh2}}{\omega_n^2 m_{h2}} & 0 & 0 \\[3mm] \dfrac{k_{q23}}{\omega_n^2 m_{h2}} & 0 & 0 & 0 & -\dfrac{k_{sh3}}{\omega_n^2 m_{h3}} & 0 \\[3mm] 0 & \dfrac{k_{q24}}{\omega_n^2 m_{h4}} & 0 & 0 & 0 & -\dfrac{k_{sh2}}{\omega_n^2 m_{h4}} \\[3mm] \dfrac{k_{q23}}{\omega_n^2 m_{q2}} & \dfrac{k_{q24}}{\omega_n^2 m_{q2}} & -\dfrac{k_{sh1}}{\omega_n^2 m_{h1}} & 0 & 0 & 0 \\[3mm] \dfrac{k_{q23}}{\omega_n^2 m_{q2}} & \dfrac{k_{q24}}{\omega_n^2 m_{q2}} & 0 & -\dfrac{k_{sh2}}{\omega_n^2 m_{h2}} & 0 & 0 \end{bmatrix}$$

$$K_{33} = -\begin{bmatrix} \dfrac{c_{q11}}{\omega_n} & \dfrac{c_{q12}}{\omega_n m_{q1}} & \dfrac{c_{q13}}{\omega_n m_{q1}} & \dfrac{c_{q14}}{\omega_n} & \dfrac{c_{q21}}{\omega_n m_{h1}} & 0 \\[3mm] \dfrac{c_{q11}}{\omega_n m_{q1}} & \dfrac{c_{q12}}{\omega_n} & \dfrac{c_{q13}}{\omega_n m_{q1}} & \dfrac{c_{q14}}{\omega_n m_{q1}} & 0 & \dfrac{c_{q22}}{\omega_n m_{h2}} \\[3mm] \dfrac{c_{q11}}{\omega_n m_{q1}} & \dfrac{c_{q12}}{\omega_n m_{q1}} & \dfrac{c_{q13}}{\omega_n} & \dfrac{c_{q14}}{\omega_n m_{q1}} & 0 & 0 \\[3mm] \dfrac{c_{q11}}{\omega_n m_{q1}} & \dfrac{c_{q12}}{\omega_n m_{q1}} & \dfrac{c_{q13}}{\omega_n m_{q1}} & \dfrac{c_{q14}}{\omega_n} & 0 & 0 \\[3mm] \dfrac{c_{q11}}{\omega_n m_{h1}} & 0 & 0 & 0 & \dfrac{c_{q21}}{\omega_n} & \dfrac{c_{q22}}{\omega_n m_{q2}} \\[3mm] 0 & \dfrac{c_{q12}}{\omega_n m_{h2}} & 0 & 0 & \dfrac{c_{q21}}{\omega_n m_{q2}} & \dfrac{c_{q22}}{\omega_n} \end{bmatrix}$$

$$K_{34} = \begin{bmatrix} 0 & 0 & \dfrac{c_{sh1}}{\omega_n m_{h1}} & 0 & 0 & 0 \\[2.5ex] 0 & 0 & 0 & \dfrac{c_{sh2}}{\omega_n m_{h2}} & 0 & 0 \\[2.5ex] -\dfrac{c_{q23}}{\omega_n m_{h3}} & 0 & 0 & 0 & \dfrac{c_{sh3}}{\omega_n m_{h3}} & 0 \\[2.5ex] 0 & -\dfrac{c_{q22}}{\omega_n m_{h4}} & 0 & 0 & 0 & \dfrac{c_{sh4}}{\omega_n m_{h4}} \\[2.5ex] -\dfrac{c_{q23}}{\omega_n m_{q2}} & -\dfrac{c_{q24}}{\omega_n m_{q2}} & \dfrac{c_{sh1}}{\omega_n m_{h1}} & 0 & 0 & 0 \\[2.5ex] -\dfrac{c_{q23}}{\omega_n m_{q2}} & -\dfrac{c_{q24}}{\omega_n m_{q2}} & 0 & \dfrac{c_{sh2}}{\omega_n m_{h2}} & 0 & 0 \end{bmatrix}$$

$$k_{41} = \begin{bmatrix} 0 & 0 & \dfrac{k_{q13}}{\omega_n^2 m_{h3}} & 0 & \dfrac{k_{q21}}{\omega_n^2 m_{q2}} & \dfrac{k_{q22}}{\omega_n^2 m_{q2}} \\[2.5ex] 0 & 0 & 0 & \dfrac{k_{q14}}{\omega_n^2 m_{h4}} & \dfrac{k_{q21}}{\omega_n^2 m_{q2}} & \dfrac{k_{q22}}{\omega_n^2 m_{q2}} \\[2.5ex] \dfrac{k_{q11}}{\omega_n^2 m_{h1}} & 0 & 0 & 0 & \dfrac{k_{q21}}{\omega_n^2 m_{h1}} & 0 \\[2.5ex] 0 & \dfrac{k_{q12}}{\omega_n^2 m_{h2}} & 0 & 0 & 0 & \dfrac{k_{q22}}{\omega_n^2 m_{h2}} \\[2.5ex] 0 & 0 & \dfrac{k_{q13}}{\omega_n^2 m_{h3}} & 0 & 0 & 0 \\[2.5ex] 0 & 0 & 0 & \dfrac{k_{q14}}{\omega_n^2 m_{h4}} & 0 & 0 \end{bmatrix}$$

$$k_{42} = \begin{bmatrix} -\dfrac{k_{q23}}{\omega_n^2} & -\dfrac{k_{q24}}{\omega_n^2 m_{q2}} & 0 & 0 & \dfrac{k_{sh3}}{\omega_n^2 m_{h3}} & 0 \\[2mm] -\dfrac{k_{q23}}{\omega_n^2 m_{q2}} & -\dfrac{k_{q24}}{\omega_n^2} & 0 & 0 & 0 & \dfrac{k_{sh4}}{\omega_n^2 m_{h4}} \\[2mm] 0 & 0 & \dfrac{k_{sh1}(m_s+m_{h1})}{\omega_n^2 m_{h1} m_s} & \dfrac{k_{sh2}}{\omega_n^2 m_s} & \dfrac{k_{sh3}}{\omega_n^2 m_s} & \dfrac{k_{sh4}}{\omega_n^2 m_s} \\[2mm] 0 & 0 & \dfrac{k_{sh1}}{\omega_n^2 m_s} & \dfrac{k_{sh2}(m_s+m_{h2})}{\omega_n^2 m_{h2} m_s} & \dfrac{k_{sh3}}{\omega_n^2 m_s} & \dfrac{k_{sh4}}{\omega_n^2 m_s} \\[2mm] -\dfrac{k_{q23}}{\omega_n^2} & 0 & \dfrac{k_{sh1}}{\omega_n^2 m_s} & \dfrac{k_{sh2}}{\omega_n^2 m_s} & \dfrac{k_{sh3}(m_s+m_{h3})}{\omega_n^2 m_{h3} m_s} & \dfrac{k_{sh4}}{\omega_n^2 m_s} \\[2mm] 0 & -\dfrac{k_{q24}}{\omega_n^2 m_{h4}} & \dfrac{k_{sh1}}{\omega_n^2 m_s} & \dfrac{k_{sh2}}{\omega_n^2 m_s} & \dfrac{k_{sh3}}{\omega_n^2 m_s} & \dfrac{k_{sh4}(m_s+m_{h4})}{\omega_n^2 m_{h4} m_s} \end{bmatrix}$$

$$K_{43} = -\begin{bmatrix} 0 & 0 & \dfrac{c_{q13}}{\omega_n m_{h3}} & 0 & \dfrac{c_{q21}}{\omega_n m_{q2}} & \dfrac{c_{q22}}{\omega_n m_{q2}} \\[2mm] 0 & 0 & \dfrac{c_{q13}}{\omega_n m_{h4}} & 0 & \dfrac{c_{q21}}{\omega_n m_{q2}} & \dfrac{c_{q22}}{\omega_n m_{q2}} \\[2mm] \dfrac{c_{q11}}{\omega_n m_{h1}} & 0 & 0 & 0 & \dfrac{c_{q21}}{\omega_n m_{h1}} & 0 \\[2mm] 0 & \dfrac{c_{q12}}{\omega_n m_{h2}} & 0 & 0 & 0 & \dfrac{c_{q22}}{\omega_n m_{h2}} \\[2mm] 0 & 0 & \dfrac{c_{q13}}{\omega_n m_{h3}} & 0 & 0 & 0 \\[2mm] 0 & 0 & 0 & \dfrac{c_{q14}}{\omega_n m_{h4}} & 0 & 0 \end{bmatrix}$$

$$
k_{44} = \begin{bmatrix}
-\dfrac{c_{q23}}{\omega_n} & -\dfrac{c_{q24}}{\omega_n m_{q2}} & 0 & 0 & \dfrac{c_{sh3}}{\omega_n m_{h3}} & 0 \\[3mm]
-\dfrac{c_{q23}}{\omega_n m_{q2}} & -\dfrac{c_{q24}}{\omega_n} & 0 & 0 & 0 & \dfrac{c_{sh4}}{\omega_n m_{h4}} \\[3mm]
0 & 0 & \dfrac{c_{sh1}\left(m_s + m_{h1}\right)}{\omega_n m_s m_{h1}} & \dfrac{c_{sh2}}{\omega_n m_s} & \dfrac{c_{sh3}}{\omega_n m_s} & \dfrac{c_{sh4}}{\omega_n m_s} \\[3mm]
0 & 0 & \dfrac{c_{sh1}}{\omega_n m_s} & \dfrac{c_{sh2}\left(m_s + m_{h2}\right)}{\omega_n m_s m_{h2}} & \dfrac{c_{sh3}}{\omega_n^2 m_s} & \dfrac{c_{sh4}}{\omega_n^2 m_s} \\[3mm]
-\dfrac{c_{q23}}{\omega_n m_{h3}} & 0 & \dfrac{c_{sh1}}{\omega_n^2 m_s} & \dfrac{c_{sh2}}{\omega_n^2 m_s} & \dfrac{c_{sh3}\left(m_s + m_{h3}\right)}{\omega_n^2 m_{h3} m_s} & \dfrac{c_{sh4}}{\omega_n^2 m_s} \\[3mm]
0 & -\dfrac{c_{q24}}{\omega_n^2 m_{h4}} & \dfrac{c_{sh1}}{\omega_n^2 m_s} & \dfrac{c_{sh2}}{\omega_n^2 m_s} & \dfrac{c_{sh3}}{\omega_n^2 m_s} & \dfrac{c_{sh4}\left(m_s + m_{h4}\right)}{\omega_n^2 m_{h4} m_s}
\end{bmatrix}
$$

4.4 系统的稳态响应分析

本节以四环板针摆行星减速器为例,采用 MATLAB 中的 ODE45 数值方法进行计算,主要研究激振和齿侧间隙对系统动力学行为的影响。系统的基本参数如表 4.1 所示。

表 4.1 系统基本参数

无量纲阻尼比	C_{qhi}=0.015, C_{qhi}=0.03	输入功率	P=11kW
无量纲间隙	b=2	摆线轮齿数	34
无量纲啮合刚度幅值	K_{ai}=0.2	针齿数	35
无量纲误差幅值	E=2	传动比	35
输入转速	n=1500r/min		

分析改变激振频率 Ω 摆线轮与环板接触处 x_{sp} 的稳态响应,如图 4.1~图 4.5 所示。时间历程图中坐标 T 为激励周期 $\left(T = 2\pi/\Omega\right)$,位移 x_{sp} 与响应 x_{spi} 一致,无载荷不均匀现象发生。

当无量纲激励频率 Ω =0.3142 时,系统表现的响应为简谐响应,如图 4.1 所示,响应的时间历程是周期性运动,为标准正弦波。相平面图为封闭椭圆,Poincaré 映射截面为单个离散的点,FFT 谱图是分布在 Ω 上的一条离散竖线,表现为单周期运动。系统啮合过程中不会出现脱啮现象。

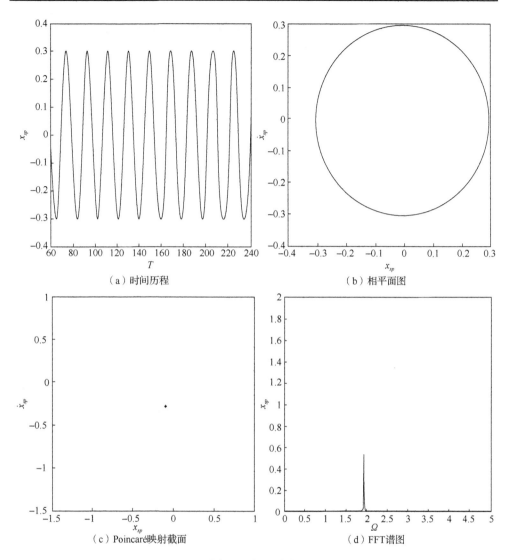

（a）时间历程　　　　　　　　　　　（b）相平面图

（c）Poincaré映射截面　　　　　　　　（d）FFT谱图

图 4.1　简谐响应

当无量纲激励频率增加到 $\Omega = 0.4488$ 时，如图 4.2 所示，从响应的时间历程图可以看出系统的运动为单周期运动，但不是简谐振动，在响应中出现了高频成分。相图为闭合曲线，Poincaré 映射截面依然为单个离散的点，但 FFT 谱图是分立的、离散的分布在 $m\Omega$（m 为正整数）的离散点上，因此系统表现的响应为非简谐单周期响应，系统响应含有超谐响应，偶尔会出现脱啮现象。当无量纲激励频率增加到 $\Omega = 0.6283$ 时，如图 4.3 所示，响应的时间历程为频率为 $\Omega/2$ 的周期运动，相平面图为闭环曲线，Poincaré 映射截面包含了两个离散的点，FFT 谱图分布在 $m\Omega/2$ 的离散的点上。对于周期 k 的次谐响应，其时间历程为周期 k 运动，

Poincaré 映射截面包含 k 个离散的点，而 FFT 谱图分布在 $m\Omega/2$ 的离散点上。因此，上述特性表明系统的响应为周期二次谐波响应，系统中有脱啮现象发生，频率高于单周期非谐响应。

当无量纲激励频率增加到 $\Omega=0.7421$ 时，如图 4.4 所示。系统响应为拟周期响应，拟周期响应由两个或多个不可通约的频率组合而成，如 ω_1/ω_2 为有理数是周期运动。ω_1/ω_2 为无理数变为逆周期运动（ω_1，ω_2 为系统的基频），其相图为具有一定宽度的闭合曲线带，相应的 Poincaré 映射截面为闭合曲线，其 FFT 谱图是分立的、离散的，包含了系统基频 ω_1 和 ω_2。由于非线性相互作用，还产生了组合频率 $m\omega_1+n\omega_2$（m，n 为任意整数），因此其谱图不像周期函数那样以某间隔的频率分立。系统出现脱啮现象的概率比周期 k 增大。

当激励频率增加到 $\Omega=0.8842$ 时，如图 4.5 所示。系统响应的时间历程为非周期，相图为具有一定宽度的闭合曲线带，Poincaré 映射截面上是一些按照一定形状分布的点，理论上具有无穷多个，但实际依赖于考虑的周期数，其 FFT 谱图是具有一定宽度的连续谱，因此，系统响应既具有确定性又具有随机性，出现了混沌响应。系统表现为时而啮合时而脱啮的振动状态，且无规律可循，成为一种混沌振动。

通过以上对环板式针摆行星传动系统的分析发现，在其他参数不变的情况下，改变系统无量纲激励频率时，系统出现简谐响应、非简谐单周期响应、周期二次谐响应、拟周期响应和混沌响应。从完全啮合状态的单周期振动到时而啮合时而脱啮的混沌振动状态之间没有出现分岔，是直接激变为混沌。在考虑间隙、时变啮合刚度和误差的作用下，当激励频率增大到一定值时系统出现了典型的非线性特征、混沌现象等。

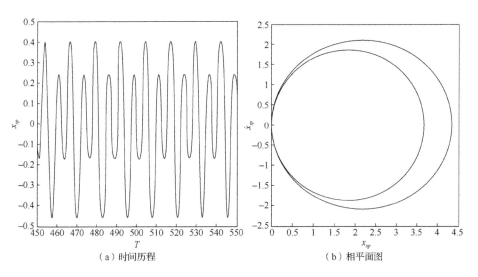

（a）时间历程　　　　　　　　　　（b）相平面图

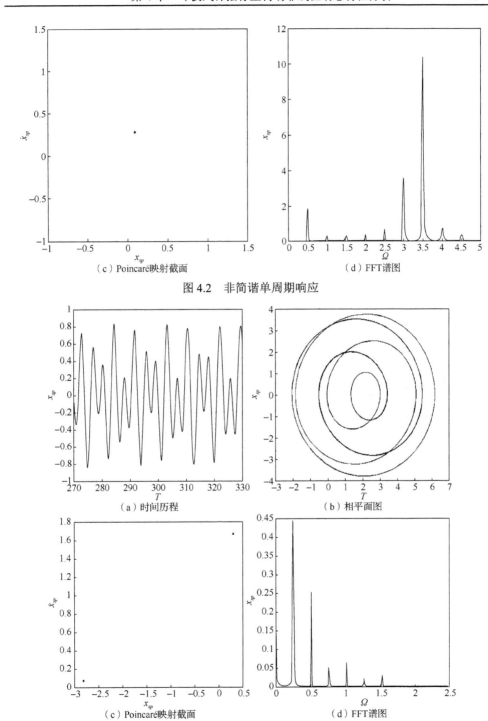

（c）Poincaré映射截面

（d）FFT谱图

图 4.2 非简谐单周期响应

（a）时间历程

（b）相平面图

（c）Poincaré映射截面

（d）FFT谱图

图 4.3 周期二次谐响应

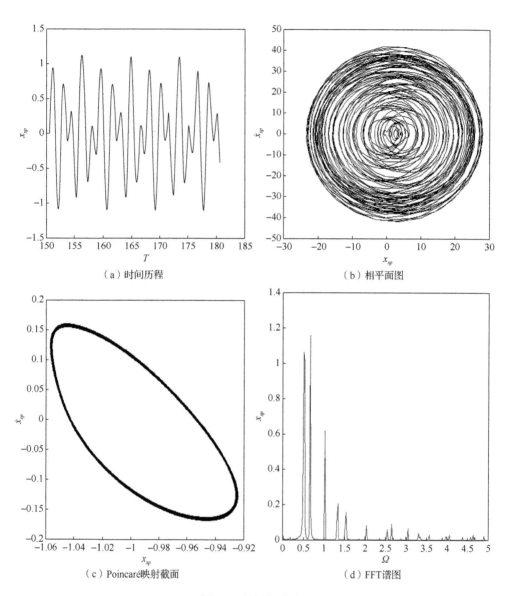

（a）时间历程

（b）相平面图

（c）Poincaré映射截面

（d）FFT谱图

图 4.4　拟周期响应

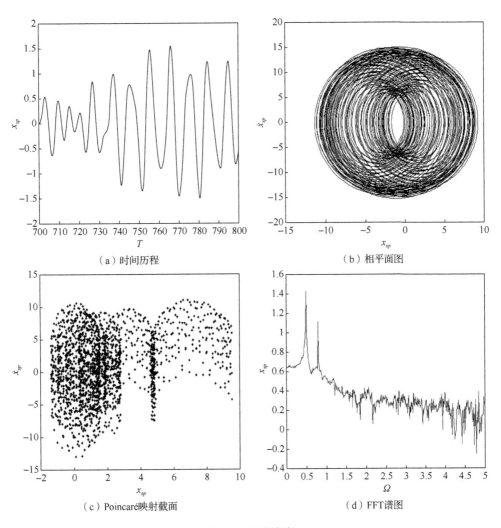

（a）时间历程   （b）相平面图

（c）Poincaré映射截面   （d）FFT谱图

图 4.5 混沌响应

4.5 齿侧间隙对系统非线性动态特性的影响

齿轮系统是弹性的结构系统，在齿轮运转过程中，内部、外部激励的作用使系统产生瞬态、稳态的振动，引起啮合轮齿间的动态相对位移，从而导致啮合过程的轮齿动载荷[15]。

　　动载荷系数是指在一个啮合周期内，轮齿间实际啮合力的最大值与理论应受载荷的比值，其表达式为

$$G_{spi} = NP_{spi}/P_{\text{out}} \ , i = 1,2,3,4 \qquad (4.23)$$

式中，G_{spi} 为摆线轮与环板各啮合线上的动载荷系数；P_{out} 为输出端所受的力；P_{spi} 为齿轮副弹性啮合力，$P_{spi} = k_{spi}(t) f(x_{spi}, b_{spi})$；$N$ 为行星轮的个数。

　　在无量纲激励频率 $\Omega = 2$，阻尼比 $\zeta_{qhi} = 0.015$，$\xi_{shi} = 0.03$，误差幅值 $e_{sh} = 10$ 时，分析不同齿侧间隙系统的动态特性，本章给出相平面图和动载荷历程图。

　　改变无量纲齿侧间隙得到系统的动态响应如图 4.6～图 4.15 所示。在齿侧间隙为 0 时，系统为线性系统，其稳态响应为简谐响应，针齿与摆线轮正常啮合，无冲击发生。随着齿侧间隙逐渐增大，针齿与摆线轮的啮合出现了冲击，动载荷有所增大，系统出现了倍周期分岔逐渐达到混沌状态；当间隙达到 58 时，系统开始出现不均载现象；随着间隙的继续增大不均载现象更加严重，脱啮时间有所增加，各齿轮副之间的啮合状态也由双边冲击状态逐渐向单边冲击状态转化。

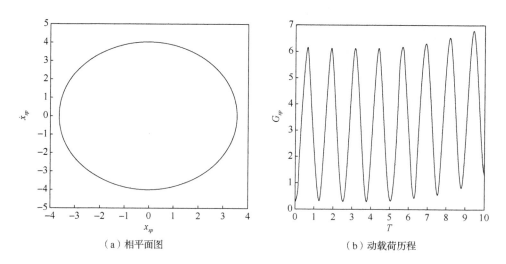

　　（a）相平面图　　　　　　　　　　　（b）动载荷历程

图 4.6　无量纲齿侧间隙为 0 时的动态响应

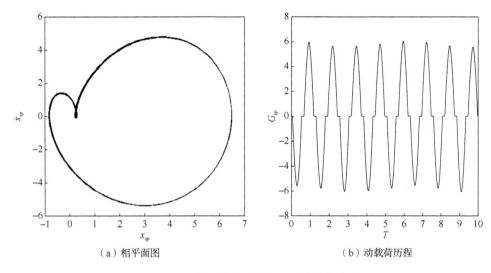

（a）相平面图　　　　　　　　　　　　　　（b）动载荷历程

图 4.7　无量纲齿侧间隙为 12 时的动态响应

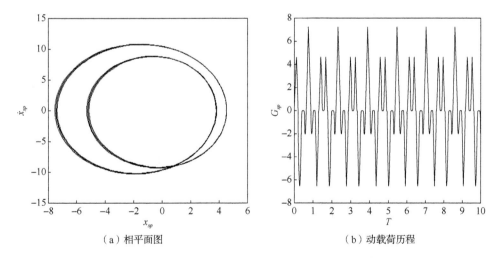

（a）相平面图　　　　　　　　　　　　　　（b）动载荷历程

图 4.8　无量纲齿侧间隙为 40 时的动态响应

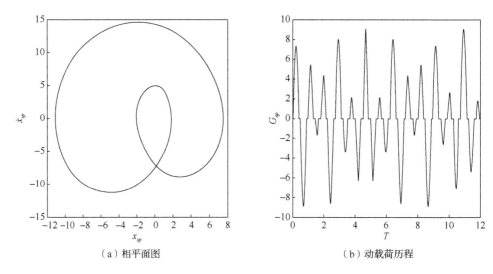

（a）相平面图　　　　　　　　　　（b）动载荷历程

图 4.9　无量纲齿侧间隙为 48 时的动态响应

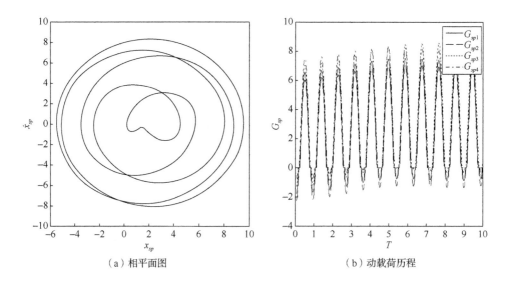

（a）相平面图　　　　　　　　　　（b）动载荷历程

图 4.10　无量纲齿侧间隙为 58 时的动态响应

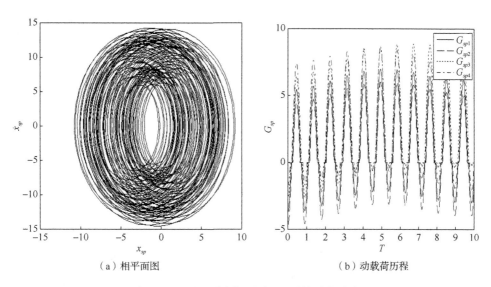

（a）相平面图　　　　　　　　　　　　　（b）动载荷历程

图 4.11　无量纲齿侧间隙为 72 时的动态响应

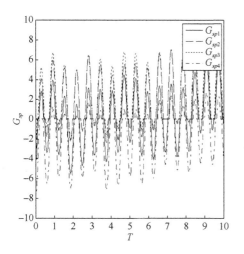

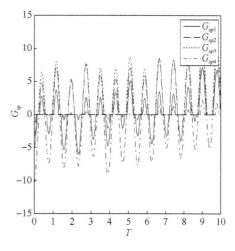

图 4.12　无量纲齿侧间隙为 102 时的　　　　　图 4.13　无量纲齿侧间隙为 128 时的
　　　　　动态响应　　　　　　　　　　　　　　　　动态响应

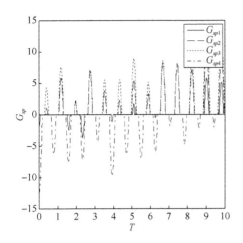 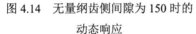 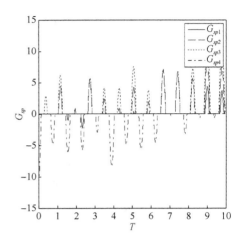

图 4.14　无量纲齿侧间隙为 150 时的　　　图 4.15　无量纲齿侧间隙为 180 时的
　　　　　动态响应　　　　　　　　　　　　　　　动态响应

　　由上面的分析可见，齿侧间隙导致轮齿啮合产生冲击振动，当间隙增大到一定值，系统出现了严重载荷分布不均匀现象，最后进入混沌状态。

4.6　本　章　小　结

　　（1）对环板式针摆行星传动系统的非线性动力学微分方程组进行了数值积分求解，分析了激励频率、齿侧间隙参数对系统动力学特性的影响。

　　（2）绘制了系统随激励频率变化的响应曲线，由曲线可以看出，系统在激励频率不同时呈现出简谐响应、非简谐单周期响应、周期二次谐响应、拟周期响应、混沌等不同的动态响应，说明系统存在强非线性。

　　（3）分析了齿侧间隙对系统非线性动态特性的影响，增加齿侧间隙在一定范围时，会引起齿轮副啮合在特定的状态下变化，当间隙增大到一定的程度时，便会出现严重的载荷分布不均匀现象。

参 考 文 献

[1] 申维，房丛卉，张德会. 地球磁极倒转的分形混沌研究. 地学前缘，2009，16(5):201-205.

[2] 李世作，康世瑜. 电力系统在周期扰动下的混沌研究. 广西大学学报，2009，34(4):580-585.

[3] 周佳新，罗跃刚. 非线性转子系统碰摩的分岔与混沌研究. 机械科学与技术，2005，24(1):6-8.

[4] 庞寿全，陈乐，陈洁，等. 负电阻及其在混沌研究中的应用. 玉林师范学院学报，2007，28(3):28-32.

[5] 张群, 肖冬荣. 混沌理论在经济管理中的运用. 煤矿现代化, 2007(1):4-5.

[6] 宋立军, 严冬, 李永大. 量子混沌研究中 Poincaré 截面的计算机模拟. 长春大学学报, 2006, 16(6):27-30.

[7] 李国良, 付强, 冯艳, 等. 嫩江水体溶解氧变化规律的混沌研究. 安全与环境学报, 2007, 7(6):65-67.

[8] 付强, 李国良. 三江平原地下水埋深时间序列的混沌研究. 水土保持研究, 2008, 15(3):31-34.

[9] 宋自根, 李群宏, 徐洁琼, 等. 一类细胞膜离子通道模型的分岔及混沌研究. 河南师范大学学报, 2007, 35(2):1-4.

[10] 杜度, 张纬康. 系泊系统的稳定性、分岔与混沌研究. 船舶力学, 2005, 9(1):115-125.

[11] 张延, 张建忠, 郭茂峰. 微载荷下含油轴承摩擦的非线性混沌研究. 郑州大学学报, 2009, 41(4):116-120.

[12] Kahraman A, Singh R. Nonlinear dynamics of a spur gear pair. Journal of Sound and Vibration, 1990, 142(1):49-75.

[13] 鲍和云. 两级星形齿轮传动系统分流特性及动力学研究. 南京: 南京航空航天大学, 2006.

[14] 林成森. 数值计算方法. 北京: 科学出版社, 1998.

[15] Kahraman A, Singh R. Interactions between time-varying mesh stiffness and clearance non-linearities in a geared system. Journal of Sound and Vibration, 1991, 146(1): 135-156.

第5章 RV 针摆行星传动系统的传动特性及功率流分析

5.1 引　言

RV 针摆行星传动系统（又称为 RV 减速器）采用组合式的行星结构，不仅大幅度提升了整机的输出刚度，而且在功率传递上具有较大的优势。本章对 RV 减速器的结构、传动原理及功率流向进行分析，为传动系统键合图模型的建立提供理论基础。功率流是指轮系中功率传递的路线。相啮合的齿轮副中功率由主动轮流向从动轮，同一轴上的不同齿轮间功率则由上一级从动轮流向下一级主动轮。键合图是反映系统中功率传递的图形，是在功率流概念的基础上，描述系统功率的传输、转化、贮存、耗散的图形。

5.2　RV 减速器的结构及传动原理

RV 减速器采用两级减速设计，第一级为渐开线圆柱齿轮行星减速机构（K-H 型），第二级为针摆行星减速机构（K-H-V 型）。RV 减速器既具有 2K-H 型行星齿轮传动高效率的特征，又拥有少齿差行星传动机构传动比大的优点。其传动结构如图 5.1 所示，由如下几个构件组成。

1. 太阳轮 1

太阳轮与输入轴连接在一起，以传递输入功率，并且和渐开线行星轮 2 啮合。

2. 行星轮 2

行星轮 2 与曲柄轴 3 相固连，三个行星轮均匀地分布在一个圆周上，与太阳轮外啮合，起功率分流的作用，实现 RV 减速器的第一级减速。

3. 曲柄轴 3

曲柄轴与渐开线行星轮通过花键连接，通过圆锥滚子轴承安装在左右行星架上均布的轴承孔当中，其转速视为减速器第二级减速部分的输入。

4. 摆线轮 4

摆线轮通过转臂轴承与曲柄轴相连，两个摆线轮的相位差为 180°，即对称的摆线轮设计，起到了平衡机构径向力的作用。两个摆线齿轮在以较低的速度旋转，不仅缩小了输入轴尺寸而且降低了转动惯量。

5. 针齿轮 5

针齿轮与机架固连，分为针齿壳与针齿两个部分，针齿镶嵌在针齿壳内，在整个针齿壳圆周上均匀分布了 40 个针齿，并且针齿和摆线轮相啮合，实现了系统的第二级传动。

6. 行星架 6

行星架通过对称分布的六个螺钉连接，若针齿轮固定不动，则行星架作为输出机构。同样，若行星架固定，则针齿轮亦可以作为输出机构输出。

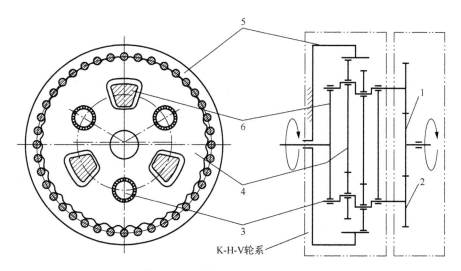

图 5.1　RV 针摆行星传动结构简图

1-太阳轮；2-行星轮；3-曲柄轴；4-摆线轮；5-针齿轮；6-行星架（输出盘）

在传动过程中，输入轴的旋转从太阳轮 1 传递到行星轮 2，且三个行星轮呈 120° 布置，按齿数比进行第一级减速。曲柄轴 3 与行星轮 2 固连在一起同速转动，为第二级减速部分的输入，行星轮 2 的转动通过曲柄轴 3 传给摆线轮 4，两片摆线轮铰接在三根曲柄轴上，并与针齿轮内啮合，两片摆线轮的相位差为 180°，使摆线轮产生偏心运动。同时摆线轮 4 与针齿轮 5 啮合绕其回转中心自转运动，行星架 6 由装在其上的三对曲柄轴支承轴承来推动，让摆线轮上自转转速实现等速输出，完成第二级减速。由于行星架 6 也作为第一级行星齿轮传动的行星架，因此行星架 6 的运动也将通过曲柄轴 3 反馈给第一级减速机构形成运动封闭。这种闭环机构提高了整机的传动效率。

5.3　RV 减速器的传动特点及传动比

5.3.1　RV 减速器的传动特点

RV 减速器作为应用在工业机器人关节上的精密减速机构，较机器人中常用的谐波减速器具有更高的刚度和回转精度，而且传动精度稳定，克服了谐波减速器随着使用时间增长运动精度显著降低的缺点，故工业机器人关节传动多采用 RV 减速器。因此，RV 减速器在高精度机器人传动中逐渐取代了谐波减速器。其具有较多的特点，具体如下。

（1）传动比范围大。使摆线轮齿数不变，只需简单地改变第一级减速部分齿轮组合即可获得各种各样的减速比。一般的传动比范围是 $i = 31 \sim 192$，易形成系列化产品。

（2）传动平稳、扭转刚度大。采用两级减速装置，第一级减速部分采用三个均布的行星轮与曲柄轴进行功率分流；位于第二级低速传动的摆线针轮，啮合齿数很多，传动的重合度较大，从而提高了减速器的动平衡能力。此外，两端支承的行星架作为输出机构，与一般针摆行星减速器的输出机构相比具有更大的扭转刚度。这些因素有效地提高了 RV 减速器的承载能力和传动平稳性。

（3）结构紧凑、体积小。摆线齿轮和针齿轮的持续啮合设计，力被均匀分散到针齿轮，各零部件同轴式设计，输入轴设置在减速器内，大大缩小了轴向尺寸，因此 RV 减速器的结构紧凑且传递同样大小的转矩时所需的体积大大减小。

（4）传动精度高，回转误差小。当设计方案合理，各零件的加工精度较高且保证准确的装配工艺和安装精度，RV 减速器可以实现较高的传动精度与较小的回差。

（5）传动效率高。RV 减速器内全部使用滚动接触部件有益于实现优异的启动效率，针齿与摆线轮的啮合由滑动摩擦转变为滚动摩擦，摩擦损耗小，传动效率高，一般可达到 $\eta = 0.85 \sim 0.92$。

（6）寿命长。RV 减速器使用滚动接触部件以摆线设计的独特针齿和 RV 齿轮结构，能够减少磨损，且齿轮对称设计以及滚珠轴承支撑所有轴，延长了使用寿命。相较于普通的齿轮减速器，RV 减速器的使用寿命可延长约 2～3 倍。

5.3.2　RV 减速器的传动比及理论转速计算

　　RV 减速器是一个封闭式差动轮系,通过基本的转化机构法来求解其各级传动比。转化机构法就是将差动轮系转化为定轴轮系,对于求解 RV 减速器的传动比,需要加一个与行星架转速大小相等、方向相反的转速,这就使差动轮系转化为行星架固定的定轴轮系,所以转化后机构的传动比可以按照计算定轴轮系传动比的方法进行计算,再计算行星齿轮的传动比[1]。

　　第一级为渐开线齿轮行星传动,假设行星架 6 固定,则太阳轮 1 与行星轮 2 的传动比为

$$i_{12}^{6} = \frac{w_1 - w_6}{w_2 - w_6} = -\frac{z_2}{z_1} \tag{5.1}$$

式中,w_1 为太阳轮的角速度;w_2 为行星轮的角速度;w_6 为行星架的角速度;z_1 为太阳轮齿数;z_2 为行星轮齿数。

　　第二级为摆线针轮传动部分,行星轮的自转角速度作为输入转速,摆线轮的自转角速度作为输出转速。而曲柄轴又与行星轮固连,那么同样利用转化机构法,假设曲柄轴固定不动(即行星轮固定不动),则摆线针轮的传动比为

$$i_{45}^{2} = \frac{w_4 - w_2}{w_5 - w_2} = \frac{z_5}{z_4} \tag{5.2}$$

式中,w_4 为摆线轮的角速度;w_5 为针齿轮的角速度;z_4 为摆线轮齿数;z_5 为针齿轮齿数,且 $z_5 = z_4 + 1$。

　　因为摆线轮和行星架的转速相同,故

$$w_4 = w_6 \tag{5.3}$$

　　(1)若针齿轮固定,行星架作为输出部分,除了摆线轮和行星架输出一个周转轮系外,支撑在行星架 6 上的行星轮 2 和行星架也输出了一个周转轮系,所以此传动机构为双重周转轮系传动。即令 $w_5 = 0$,联立式(5.1)～式(5.3),第一级减速部分传动比为

$$i_{12} = \frac{w_1}{w_2} = -\frac{1 + (z_4 + 1)\dfrac{z_2}{z_1}}{z_4} \tag{5.4}$$

减速器传动比为

$$i = \frac{w_1}{w_6} = 1 + \frac{z_2}{z_1} z_5 \tag{5.5}$$

　　(2)若行星架固定,针齿轮作为输出部分,即令 $w_6 = 0$,联立式(5.1)～式(5.3),太阳轮 1 与针齿轮 5 的转速比为

$$i_{15}^{6} = \frac{w_1 - w_6}{w_5 - w_6} = -\frac{z_2}{z_1}\frac{z_5}{z_5 - z_4} \tag{5.6}$$

从式（5.5）、式（5.6）中可以看出，当针齿轮固定，行星架作为输出构件时，其输入与输出转动方向相同；若行星架固定，而针轮作为输出构件时，则输入与输出的转动方向相反。

在 RV 减速器传动过程中，以行星架作为输出部分，设输入转速 $n = 1200\ \text{r/min}$，太阳轮的齿数 $z_1 = 16$，行星轮的齿数 $z_2 = 32$，摆线轮的齿数 $z_4 = 39$，针齿轮的齿数 $z_5 = 40$。由式（5.5）可以得出 RV 减速器的传动比 $i = 81$，由上述公式即可求出各个传动构件的理论转速，如表 5.1 所示。

表 5.1　理论转速计算结果

传动构件	转速 $n/$（r/min）	角速度 $w/$（rad/s）
太阳轮	1200	125.67
行星轮	−577.78	−60.51
行星架	14.81	1.55

注："−"表示零部件的转速方向与输入的转速方向相反。

5.4　RV 减速器的功率流分析

RV 减速器是由两个行星齿轮机构所组成的封闭式组合行星传动机构，为了方便对 RV 减速器各构件的角速度 w 和力矩 M 进行分析，将 RV 减速器结构简图分解得到如图 5.2 所示的 RV 传动分解图。通过对角速度和力矩的分析，确定 RV 减速器的功率流向[2]。

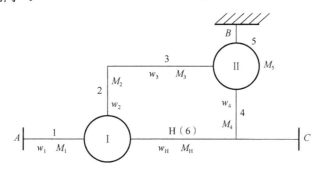

图 5.2　RV 传动分解图

从图 5.2 中可看出，单元 I 由太阳轮 1、行星轮 2 和系杆 H（行星架 6）构成，为 K-H 型差动轮系；单元 II 由曲柄轴 3、摆线轮 4、针轮 5 构成，为摆线针轮行星轮系；两者耦合形成了一个封闭传动机构。其中行星轮 2 与曲柄轴 3 固连在一起，系杆 H 与摆线轮 4 相连，组成摆线针轮传动的输出机构。

5.4.1　系统各构件角速度及力矩分析

1. 角速度分析

单元 I,II 中转化机构传动比与各构件角速度关系为

$$w_1 - i_{12}^H w_2 - \left(1 - i_{12}^H\right) w_H = 0 \tag{5.7}$$

$$w_4 - i_{45}^3 w_5 - \left(1 - i_{45}^3\right) w_3 = 0 \tag{5.8}$$

又因两构件固连，则

$$w_2 = w_3 , \quad w_H = w_4 \tag{5.9}$$

因为针轮 5 固定，则

$$w_5 = 0 \tag{5.10}$$

联立式（5.7）～式（5.10），求解得到变量之间的关系式为

$$w_2 = w_3 = w_4 / \left(1 - i_{45}^3\right) \tag{5.11}$$

$$w_2 = w_3 = w_1 / \left(1 - i_{45}^3 + i_{12}^H i_{45}^3\right) \tag{5.12}$$

$$w_H = w_4 = w_1 \left(1 - i_{45}^3\right) / \left(1 - i_{45}^3 + i_{12}^H i_{45}^3\right) \tag{5.13}$$

因 $i_{12}^H<0, i_{45}^3>1$，则 $1-i_{45}^3<0, i_{12}^H i_{45}^3<0$。设输入角速度 w_1 为正，则由式（5.12）、式（5.13）可知：w_H, w_4 为正；w_2, w_3 为负。各构件角速度的方向如表 5.2 所示。

表 5.2　各构件角速度方向

角速度	方向
w_1	正
w_2	负
w_3	负
w_4	正
w_H	正

2. 力矩分析

单元 I,II 中的各构件力矩关系如下。

单元 I:

$$M_2 = -M_1 i_{12}^H \eta_{01}^{\beta 1} \tag{5.14}$$

$$M_H = -M_1 \left(1 - i_{12}^H \eta_{01}^{\beta 1}\right) \tag{5.15}$$

单元 II:

$$M_5 = -M_4 i_{12}^H \eta_{02}^{\beta 2} \tag{5.16}$$

$$M_3 = -M_4 \left(1 - i_{12}^H \eta_{02}^{\beta 2}\right) \tag{5.17}$$

式中，η_{01} 为单元 I 渐开线行星齿轮传动转化机构啮合效率，一般可取 0.992；η_{02} 为单元 II 摆线针轮行星传动转化机构啮合效率，一般可取 0.998；β_1, β_2 取值为 ±1，"+1" 表示机构传动比与传递的功率流向相同，"−1" 表示机构传动比与传递的功率流向相反。

因行星轮 2 与曲柄轴 3 固连，M_2, M_3 为作用力与反作用力，故

$$M_2 = -M_3 \tag{5.18}$$

输出机构的外力矩 M 等于 M_H 与 M_4 的代数和，故

$$M = M_H + M_4 \tag{5.19}$$

因 $i_{12}^H < 0$，$i_{45}^3 > 1$，设 M_1 为正，由式（5.14）～式（5.19）可知：M_2, M_5 为正；M_3, M_4, M_H, M 为负。各构件力矩的方向如表 5.3 所示。

表 5.3　各构件力矩方向

力矩	方向
M_1	正
M_2	正
M_3	负
M_4	负
M_5	正
M_H	负
M	负

5.4.2　功率流分析

由功率 $P = M \cdot w$，确定在 RV 减速器传动过程中各构件传递功率的正负号。正功率为单元的输入功率，负功率为输出功率。RV 减速器的功率流向及分流情况如图 5.3 所示。

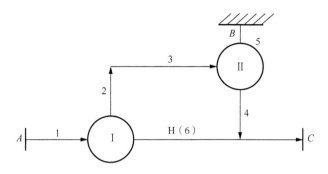

图 5.3　系统功率流向及分流情况

输入功率 P_1 在单元 I 中分解为 P_2 和 P_H 两路传递，而 P_2 再经单元 II 传到行星架上，两股功率汇合后由输出盘输出。由图 5.3 可看出，RV 减速器属于功率分流型传动，系统内部没有循环功率，所以 RV 减速器的传动效率比较高。

5.5　RV 减速器传动效率计算

机器人关节减速器要求具有传动链短、传动效率高的特点，研究 RV 减速器的传动效率对机器人产业的发展和衡量减速器性能的好坏有重要的意义[3]。通过对功率流的分析推导出 RV 减速器传动效率公式。

1. RV 减速器传动的啮合效率分析

首先确定 β 值，由各单元转化机构的啮合功率判定。

对于单元 I：

$$P_1^H = M_1 w_1^H = M_1 \left(w_1 - w_H \right) \tag{5.20}$$

又已知

$$P_1 = M_1 w_1 \tag{5.21}$$

将式（5.13）、式（5.21）代入式（5.20），得

$$P_1^H = P_1 \left(i_{12}^H i_{45}^3 / \left(1 - i_{45}^3 + i_{12}^H i_{45}^3 \right) \right) \tag{5.22}$$

对于单元 II：

$$P_4^H = M_4 w_4^3 = M_4 \left(w_4 - w_3 \right) \tag{5.23}$$

又已知

$$P_4 = M_4 w_4 \tag{5.24}$$

将式（5.11）、式（5.24）代入式（5.23），得

$$P_4^H = P_4 \left(-i_{45}^3 / \left(1 - i_{45}^3 \right) \right) \tag{5.25}$$

由功率流向图可知 $P_1 > 0$，$P_4 < 0$，又根据 $i_{12}^{\mathrm{H}} < 0$，$i_{45}^3 > 1$，$1 - i_{45}^3 < 0$，$i_{12}^{\mathrm{H}} i_{45}^3 < 0$，结合式（5.22）、式（5.25），可确定 $P_1^{\mathrm{H}} > 0$，$P_4^{\mathrm{H}} < 0$。因此可以确定 $\beta_1 = 1$，$\beta_2 = -1$。

将 $\beta_1 = 1$，$\beta_2 = -1$ 代入单元 I,II 的力矩方程式，由此确定输出力矩 M 与输入力矩 M_1 的关系。

由式（5.15）得

$$M_{\mathrm{H}} = -M_1 \left(1 - i_{12}^{\mathrm{H}} \eta_{01}\right) \tag{5.26}$$

再由式（5.14）、式（5.17）、式（5.18）可得

$$M_4 = -M_1 \eta_{01} \eta_{02} i_{12}^{\mathrm{H}} / \left(\eta_{02} - i_{45}^3\right) \tag{5.27}$$

联立式（5.15）、式（5.26）、式（5.27）可得

$$M = -M_1 \left(1 + i_{12}^{\mathrm{H}} i_{45}^3 \eta_{01} / \left(\eta_{02} - i_{45}^3\right)\right) \tag{5.28}$$

根据效率定义，效率等于输出功率与输入功率之比，得

$$\eta_{16} = \frac{M w_{\mathrm{H}}}{M_1 w_1} = \left(M / M_1\right)\left(w_{\mathrm{H}} / w_1\right) \tag{5.29}$$

将式（5.13）、式（5.28）代入式（5.29），得到 RV 减速器传动的啮合效率为

$$\eta_{16} = \left(1 + \frac{i_{12}^{\mathrm{H}} i_{45}^3 \eta_{01}}{\eta_{02} - i_{45}^3}\right)\frac{1 - i_{45}^3}{1 - i_{45}^3 + i_{12}^{\mathrm{H}} i_{45}^3} \tag{5.30}$$

2. RV 减速器传动效率计算

RV 减速器传动中，主要的功率损失有啮合摩擦损失与滚动轴承的摩擦损失，因此 RV 减速器传动效率为

$$\eta = \eta_{16} \eta_B = \left(1 + \frac{i_{12}^{\mathrm{H}} i_{45}^3 \eta_{01}}{\eta_{02} - i_{45}^3}\right)\frac{1 - i_{45}^3}{1 - i_{45}^3 + i_{12}^{\mathrm{H}} i_{45}^3} \eta_B \tag{5.31}$$

式中，η_B 为轴承总效率且 $\eta_B = \eta_{B_1} \eta_{B_2} \eta_{B_3}$，其中，$\eta_{B_1}$ 为转臂轴承效率，一般可取 0.99；η_{B_2} 为曲柄支承轴承效率，一般可取 0.99；η_{B_3} 为行星架支承轴承效率，一般可取 0.99。

5.6　本　章　小　结

（1）依据 RV 减速器的结构及工作原理，基于转化机构法推导了系统的传动比，计算出各构件的理论转速。

（2）对 RV 减速器各构件的角速度和力矩进行了分析，建立了 RV 减速器传动的功率流模型；由功率流模型分析可以看出，系统属于功率分流型传动，内部

没有循环功率，传动效率比较高，并推导出了系统传动效率公式，为下一步 RV 减速器键合图模型的建立提供理论基础。

参 考 文 献

[1] 机械设计手册编委会. 机械设计手册新版: 第 3 卷. 北京：机械工业出版社，2004.

[2] 王付岗. 混合动力合成装置的功率分汇流和效率研究. 西安：西安理工大学，2009.

[3] 段钦华，杨实如. 2K-H 型轮系效率公式的推导及应用. 机械设计，2001，18(1): 33-35.

第6章　RV减速器非线性键合图模型的建立

6.1　引　　言

RV 减速器作为机器人用精密减速传动装置,其动力学性能的好坏对机器人产业发展具有较大的影响。减速器传动过程中不仅存在零部件的弹性变形,而且齿轮在啮合过程中受到时变啮合刚度、齿侧间隙等非线性因素的影响,这些因素导致很难建立完善的、反映工程实际的理论分析模型,而动力学分析首先要解决的关键问题就是系统的建模问题。键合图法以一种统一的方法对系统各部分功率流的构成、转换、相互间逻辑关系及物理特征等进行描述。键合图功率流描述上的模块化结构与系统本身各部分物理结构及各种动态影响因素之间具有明确——对应关系,又与系统动态数学模型一致,可以根据系统的功率键合图有规律地推导出相应的数学模型,采用键合图建立的动力学模型能够更贴近实际反映系统的连接关系。

键合图理论是 1959 年由美国麻省理工学院 H. M. Paynetter 教授最早提出,主要是研究建立面向计算机的自动建模与仿真的理论方法。以 D. C. Karnopp 和 R. C. Rosenberg 为代表的一些学者在理论和应用上做了大量工作,将键合图的概念引入系统建模中,到 20 世纪 70 年代中期逐步趋于完善。此后,键合图理论在科学研究和工程领域得到广泛应用[1-2]。

键合图法是建立在状态变量的理论基础之上的一门研究系统动力学特性的图解表示方法,它根据能量守恒的基本原则,采用基本构成元素表征系统基本物理特征和连接方式。它把系统间有关的参数变量按照传递过程中存在的内部关系联系起来,建立起所需的数学模型。统一处理能量范畴系统的动态建模与分析。键合图理论将多种物理参量统一地归纳成四种广义变量,即势变量、流变量、广义动量和广义位移进行建模[3-5]。本章基于键合图法,分析 RV 减速器的不同非线性因素及非线性键合图建模方法,依据 RV 减速器的功率流向分析,建立 RV 减速器的非线性键合图模型。

6.2　键合图的理论概述

键合图法核心思想是动态系统在输入激励作用下功率流的重新分布与调整,

这种方法为建立数学模型和研究系统动力学特性提供了极大的方便。键合图建模主要由键合图元和键组成。键合图元包括：势源（Se）、流源（Sf）、容性元件（C）、惯性元件（I）、阻性元件（R）、变换器（MTF）、回转器（GY）以及连接图元的共流节点（1）和共势节点（0）等[6-8]。

6.2.1　键合图基本原理

在多能域的工程系统中，相关联的各子系统必然传递功率，这是产生键合图的基本依据。在键合图中，各子系统间有功率流动的地方称为"通口"，用一根直线表示一通口，两根直线表示二通口，三根直线表示三通口，多根直线表示多通口，而表示通口的直线就是键合图的键。图 6.1 为一系统键合图模型实例。

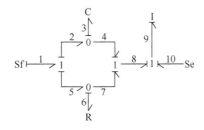

图 6.1　系统键合图模型实例

图 6.1 中的线段 1,3,6,9,10 分别表示键合图元 Sf,C,R,I,Se 的通口。当键合图元相互连接后，能量从一个键合图元传送到另一个键合图元，在传递过程中键上没有能量损失。

键合图理论将多种物理参量统一地归纳成四种广义变量，即势变量 $e(t)$、流变量 $f(t)$、广义动量 $p(t)$ 和广义位移 $q(t)$。其中势变量和流变量的标量积称为功率 $P(t)$，即

$$P(t) = e(t) f(t) \tag{6.1}$$

故势变量和流变量又称为功率变量。

广义动量 $p(t)$ 定义为势变量的时间积分，即

$$p(t) = \int e(t) \, \mathrm{d}t \tag{6.2}$$

广义位移 $q(t)$ 定义为流变量的时间积分，即

$$q(t) = \int f(t) \, \mathrm{d}t \tag{6.3}$$

广义动量 $p(t)$ 和广义位移 $q(t)$ 是能量变量，因此通过一根键的能量 $E(t)$ 可以写成

$$E(t) = \int f(p) \, \mathrm{d}p = \int e(q) \, \mathrm{d}q \tag{6.4}$$

为了描述功率在各根键上的传递过程，在每根键上标注相应的功率变量，势变量写在键的上方或左方，流变量写在键的下方或右方。子系统之间功率传递的方向用画在键端的半箭头符号表示。上述这四种变量均可对各类工程系统进行表征和描述。几种不同系统的功率变量和能量变量如表 6.1 所示。

表 6.1　各类系统的功率变量和能量变量

广义变量	机械变量		电变量	液压变量
	机械平移	机械转动		
势变量 $e(t)$	力 $F(t)$	转矩 $T(t)$	电压 $\mu(t)$	压力 $P(t)$
流变量 $f(t)$	速度 $v(t)$	角速度 $w(t)$	电流 $i(t)$	流量 $Q(t)$
广义动量 $p(t)$	动量 $p'(t)$	角动量 $h(t)$	磁通量 $\psi(t)$	压力动量 $\lambda(t)$
广义位移 $q(t)$	位移 $X(t)$	角位移 $\theta(t)$	电荷 $q'(t)$	体积 $V(t)$

键合图中除了在各根键上标注势变量和流变量之外，还要确定各根键势和流的因果关系。在建模过程中为了描述势变量和流变量的输入、输出关系，要确定键的因果关系，因果线的表示方法：在键的一端加一短划线，表示势的方向，于是另一端表示流的方向。向着元件的一端是因，离开元件的一端是果。图 6.2 表示两种基本键的画法及其对应的含义。

图 6.2　键的因果关系表达法

6.2.2　基本键合图元

键合图元是构成键合图的基本元素，根据能量与变量的分类，不同能域范畴的工程系统可通过几种基本元件联系在一起。键合图元分为一通口元件、二通口元件和多通口元件三类。含有不同能域的工程系统将这三类基本元件组合起来，以图形的方式描述系统中能量的贮存、耗散、转化、分配等传递情况[9-11]。

1. 一通口元件

一通口元件是通口处只存在一对势和流变量的元件。它包括五种键合图基本单元，其表示符号如图 6.3 所示。

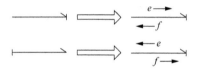

　（a）　　　　（b）　　　　（c）　　　　（d）　　　　（e）

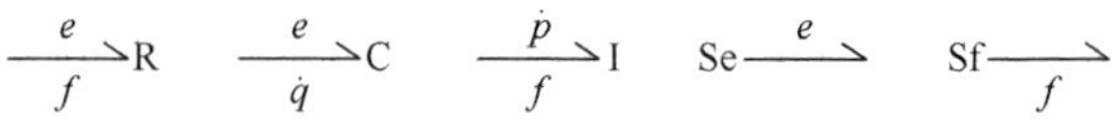

图 6.3　一通口元件表示符号

1）阻性元件 R

势变量 $e(t)$ 和流变量 $f(t)$ 之间存在某种静态关系的键合图元定义为阻性元件。阻性元件表示工程系统中消耗功率的部分，例如齿轮啮合阻尼、机械零件的摩擦等。符号中半箭头的方向表示阻性元件总是消耗系统的功率。图 6.3（a）为一通口阻性元件的符号。

2）容性元件 C

势变量 $e(t)$ 和广义位移 $q(t)$ 之间存在某种静态关系的键合图元定义为容性元件。容性元件是用来描述联系势和广义位移的物理效应（容性效应）的元件。容性元件是一种能量守恒元件，在储能、释能过程中不存在能量损失，例如对齿轮啮合刚度的描述、弹簧的弹性变形等。图 6.3（b）为一通口容性元件的符号。

3）惯性元件 I

流变量 $f(t)$ 和广义动量 $p(t)$ 之间存在某种静态关系的键合图元定义为惯性元件。惯性元件是用来描述联系流变量与广义动量的物理效应（惯性效应）的元件。惯性元件也是一种能量守恒元件，例如对机械零部件转动惯量、质量的描述等。图 6.3（c）为一通口惯性元件的符号。

4）势源 Se

势源 Se 用来描述外界对系统施加势的作用，势源可以向系统输送功率也可以作为负载消耗功率，例如驱动减速器转动的外力矩、负载等。图 6.3（d）为势源的符号。

5）流源 Sf

流源 Sf 描述外界对系统的流的作用，根据实际工程系统，流源可以向系统输送功率也可以作为负载消耗功率，例如机械传动中的速度源等。图 6.3（e）为流源的符号。

2. 二通口元件

二通口元件具有两个通口，描述系统能量交换的关系。在二通口元件上输入功率总是等于输出功率，属于功率守恒键合图元。二通口元件包括变换器 TF（MTF）和回转器 GY（MGY），符号如图 6.4 所示。

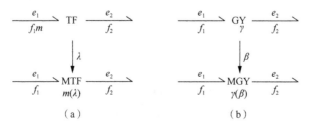

图 6.4　二通口元件表示符号

1）变换器 TF（MTF）

变换器用来描述多种能域系统中能量传递过程中势变量对势变量、流变量对流变量之间的变换关系，图 6.4（a）是变换器符号。变换器的特性方程为

$$\begin{cases} e_2 = me_1 \\ mf_2 = f_1 \end{cases} \quad (6.5)$$

式中，参数 m 为变换器模数。变换器上功率传递的输出势与输入势、输入流与输出流通过变换参数 m 联系在一起。例如，减速器传动过程中的减速比等都可用变换器 TF 表示。

2）回转器 GY（MGY）

回转器用来描述多种能域系统中能量传递过程中势变量与流变量之间的变换关系，图 6.4（b）是回转器符号。回转器的特性方程为

$$\begin{cases} e_2 = \gamma f_1 \\ \gamma f_2 = e_1 \end{cases} \quad (6.6)$$

式中，参数 γ 为回转器的模数。变换器上功率传递的输出的势与输入的流、输入的势与输出的流通过参数 γ 联系在一起。例如，具有可变激磁电流的电机等可用回转器 GY 表示。

3. 多通口元件

多通口元件具有三个及以上的通口，多通口元件有两种，分别为共势结（0-结）和共流结（1-结），所有输入通口处的功率流等于所有输出通口处的功率流，属于能量守恒元件。

1）共势结（0-结）

共势结用来联系系统有关物理效应中能量形式相同、数值相等的势变量。图 6.5（a）为 n 通口共势结的符号。其特性方程为

$$\begin{cases} e_1 = e_2 = \cdots = e_n \\ \sum_{i=1}^{n} \alpha_i f_i = 0 \end{cases} \quad (6.7)$$

式中，n 是通口数；α_i 是功率流向系数，对于半箭头指向 0-结的键 $\alpha_i = 1$，半箭头背离 0-结的键 $\alpha_i = -1$。式（6.7）表明，共势结上各根键的势相等，而流的代数和为 0，共势结上流入的功率等于该结流出的功率。

2）共流结（1-结）

共流结用来联系系统有关物理效应中能量形式相同、数值相等的流变量。图 6.5（b）为 n 通口共流结的符号。其特性方程为

$$\begin{cases} f_1 = f_2 = \cdots = f_n \\ \sum_{i=1}^{n} \alpha_i e_i = 0 \end{cases} \tag{6.8}$$

式中，n 为通口数；α_i 为功率流向系数，对于半箭头指向 1-结的键 $\alpha_i = 1$，半箭头背离 1-结的键 $\alpha_i = -1$。式（6.8）表明，共流结上各根键的流相等，而势的代数和为 0，共流结上流入的功率等于该结流出的功率。

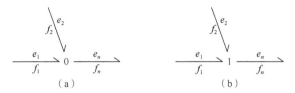

图 6.5　多通口元件的表示符号

6.2.3　键合图增广

为建立完整的系统键合图模型，在确定了系统的键合图元后，需要确定各键合图元之间的相互关系，使键合图具有描述系统动态特性的可计算性，这一过程称为键合图的增广。键合图的增广包括三项内容：编键号、标注功率流向和标注因果关[12]。

1. 编键号

为了便于区分键合图模型中的变量和键合图元，从 1 开始对各根键进行连续编号。如图 6.1 所示的键合图模型，键号为 1～10。

2. 标注功率方向

在键合图中，半箭头表示功率流的正方向。为了正确推导系统的状态方程，选择合适的状态变量，需要确定各根键的功率流方向。对于各根键上的功率流方向的标注规则如下：

（1）势源或流源的功率流方向指向系统；
（2）半箭头的方向指向阻性元件 R、惯性元件 I 及容性元件 C；
（3）势源、流源这一侧的功率流向指向键合图另一侧。

3. 因果关系及标注

因果关系用画在键的一端并且与键垂直的短划线来表示，该短划线称为因果线，用来说明与某一键合图元相关的势变量与流变量之间的因果关系。标注键合图元的因果线实质上是确定在键合图元所关联的两个功率变量中用哪一个变量去求另一个变量的问题[13-14]。

在图 6.6（a）中，A,B 表示两个通过键连接的键合图元。因果线画在靠近键合图元 B 的一侧，因果关系的表示如图 6.6（c）所示，即对于键合图元 B，势是产生流的原因，流是势作用的结果；而对于键合图元 A，则流是因，势是果。图 6.6（b）的因果线画在靠近键合图元 A 的一侧，因果关系表示如图 6.6（d）所示。

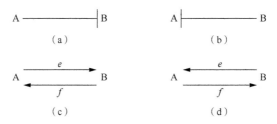

图 6.6　因果关系表示

基本键合图元的因果关系主要有以下 6 种。

1）势源和流源

势源和流源有唯一的因果关系，如图 6.7 所示。

图 6.7　源的因果关系

2）容性元件

容性元件的因果关系有两种，如图 6.8 所示。

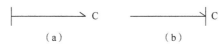

图 6.8　容性元件的因果关系

图 6.8（a）是积分因果关系，其静态关系在线性情况下为

$$e = \frac{q}{C_0} = \frac{1}{C_0} \int f \mathrm{d}t \qquad (6.9)$$

式中，C_0 为线性容度参数。

图 6.8（b）是微分因果关系，其静态关系在线性情况下为

$$f = C_0 \frac{\mathrm{d}e}{\mathrm{d}t} \qquad (6.10)$$

在建立系统键合图模型时，优先选择积分因果关系。

3）惯性元件

惯性元件因果关系有两种，如图 6.9 所示。

（a）　　　　　　　　　　　（b）

图 6.9　惯性元件的因果关系

图 6.9（a）是积分因果关系，其静态关系在线性情况下为

$$f = \frac{p}{I_0} = \frac{1}{I_0} \int e \mathrm{d}t \tag{6.11}$$

式中，I_0 为线性惯量参数。

图 6.9（b）是微分因果关系，其静态关系在线性情况下为

$$e = I_0 \frac{\mathrm{d}f}{\mathrm{d}t} \tag{6.12}$$

在建立系统键合图模型时，无论对于容性元件或惯性元件，为了便于推导系统状态方程和计算机计算，都应该优先指定积分因果关系。

4）阻性元件

阻性元件有两种可能的因果关系，如图 6.10 所示。

R　　　　　　　　　　　　　R

（a）　　　　　　　　　　　（b）

图 6.10　阻性元件的因果关系

图 6.10（a）为阻抗型因果关系，其静态关系在线性情况下为

$$e = R_0 f \tag{6.13}$$

式中，R_0 为线性阻抗参数。

图 6.10（b）为导纳型因果关系，其静态关系在线性情况下为

$$f = \frac{1}{R_0} e \tag{6.14}$$

对于阻性元件，为了协调其他键合图元之间的因果关系，根据所建的键合图模型，选择合适的因果关系。

5）变换器

变换器仅有两种可能的因果关系，如图 6.11 所示。

$\dfrac{e_1}{f_1}$　TF m $\dfrac{e_2}{f_2}$　　　　　$\dfrac{e_1}{f_1}$　TF $1/m$ $\dfrac{e_2}{f_2}$

（a）　　　　　　　　　　　（b）

图 6.11　变换器因果关系

根据变换器的定义，其特性方程为

$$\begin{cases} e_2 = me_1 \\ f_1 = mf_2 \end{cases} \tag{6.15}$$

$$\begin{cases} e_1 = \dfrac{1}{m}e_2 \\ f_2 = \dfrac{1}{m}f_1 \end{cases} \tag{6.16}$$

变换器的因果关系也需要根据键合图中各元件因果关系之间的协调来确定。

6）0-结和 1-结

0-结是共势结，各键的势相等，且只能有一个势输入。因此，一个输入的势可确定 0-结上所有其他的势；1-结是共流结，各键的流相等，且只能有一个流输入。因此，一个输入的流可确定所有输出的流。其因果关系如图 6.12 所示。

键合图元之间的因果关系与键上功率流向的标注不相关联。

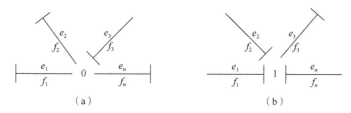

图 6.12　0-结和 1-结因果关系

6.2.4　机械系统的键合图建模过程

描述机械系统动态特性的变量有力 F 或转矩 T、速度 V 或角速度 w、位移 x 或角位移 θ、动量 P 或角动量 L，此外还用到加速度 a 或角加速度 ω。在键合图中，把力和转矩定为势变量，而把速度和角速度定为流变量。机械元件的运动速度可分两种：一种是绝对速度，它是相对惯性系测量的，在运用牛顿定律时要采用绝对速度；另一种是相对速度，它是相对于另一个运动体测量的。

构成机械系统的元件有的有较大的惯性，有的其柔性不容忽视，而在相对运动的表面之间则存在摩擦。这是机械系统中的惯性效应、容性效应和阻性效应。另外也还有速度变换机构或力变换机构等。

1. 机械系统键合图模型的建立步骤

（1）为每一个绝对速度和相对速度建立一个 1-结；

（2）在有关 1-结之间键接 TF 元和 0-结，用以建立相关绝对速度之间以及相关的相对速度与绝对速度之间的关系；

（3）指定键合图各根键的功率方向；

（4）将模拟质量和转动惯量的惯性元件以及模拟力的势源键接在相应绝对速度的 1-结上。将模拟输入的势源和流源以及模拟摩擦的阻性元件、模拟弹簧的容性元件键接在相应速度的 1-结上；

（5）对键合图进行简化，标注键号、合适的因果关系。

下面将以一个碰撞缓冲过程中的火车模型为例，来说明机械系统的键合图建模过程。

如图 6.13 所示，质量 M_1, M_2, M_3 分别代表火车头和车厢，火车头与车厢、车厢与车厢间用弹簧和阻尼器连接，其中弹簧系数为 k_1, k_2, k_3，阻尼系数为 kd_1, kd_2, kd_3，外力 $F(t)$ 为火车头的牵引力。

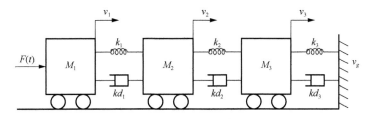

图 6.13　缓冲过程火车模型

设 M_1, M_2, M_3 的绝对速度分别为 v_1, v_2, v_3，地面的速度为 v_g（$v_g = 0$），参考方向如图 6.13 所示。各弹簧及阻尼器两端的相对速度为

$$\begin{cases} v_{12} = v_1 - v_2 \\ v_{23} = v_2 - v_3 \\ v_{3g} = v_3 - v_g \end{cases} \qquad (6.17)$$

第一步，为绝对速度 v_1, v_2, v_3, v_g 及相对速度 v_{12}, v_{23}, v_{3g} 建立相应的 1-结，如图 6.14（a）所示。

第二步，在表示绝对速度的 1-结之间键接 0-结，由式（6.17）的速度关系标注功率流方向，如图 6.14（b）所示。

第三步，将质量块 M_1, M_2, M_3 的惯性元件分别键接在绝对速度 v_1, v_2, v_3 的 1-结上；将力 $F(t)$ 作为势源键接在速度为 v_1 的 1-结上，将速度为 v_g 的流源键接在绝对速度 v_g 的 1-结上。在表示相对速度的 v_{12}, v_{23}, v_{3g} 的 1-结上键接模拟弹簧的容性元件和模拟阻尼器的阻性元件，并标注各根键上的功率流方向，如图 6.14（c）所示。

第四步，简化键合图模型，并标注键号和合适的因果关系，图 6.14（d）为系统的键合图模型。

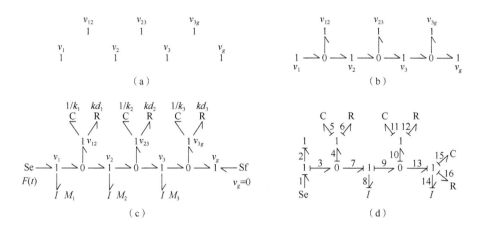

图 6.14　系统键合图模型建立过程

2. 键合图建模流程

键合图的建模流程如图 6.15 所示。

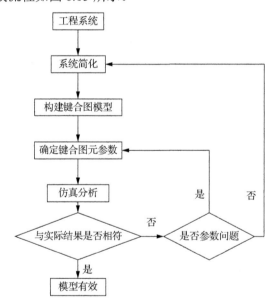

图 6.15　键合图建模的流程图

6.2.5　由键合图模型列写系统状态方程

　　键合图法是以图形的形式建立模型，系统中键合图元之间的因果关系、有关的物理效应以及功率传输情况可在键合图模型中清晰显示。键合图模型中隐含着描述系统动力学特性的状态方程。由于惯性效应、容性效应对系统的动力学特性起主导作用，则一般取惯性元件的广义动量 p 和容性元件的广义位移 q 为系统状态变量。键合图模型中存在积分和微分两种因果关系，按照不同的因果关系，由键合图模型列写系统状态方程有两种情况[15-16]。

1. 键合图模型中含有全积分因果关系

全积分因果关系是指键合图中所有储能元件都具有积分因果关系，键合图中储能元件的个数即为系统状态变量的个数。需要以下四步来建立状态方程。

（1）取 I 元件的广义动量 p 和 C 元件的广义位移 q 为状态变量，取 Se 元件的势和 Sf 元件的流作为输入变量，其下标代表相应元件的编号；

（2）由各储能元件、阻性元件的特性方程推出各元件的输出变量；

（3）列出表达 $\dot{p}$ 和 $\dot{q}$ 的势方程和流方程；

（4）将各元件的输出变量代入各势方程和流方程，化简整理得到系统状态方程。

2. 键合图模型中含有微分因果关系和积分因果关系

按照积分优先因果关系的原则标注系统键合图的因果关系时，有时系统键合图部分储能元件具有微分因果关系。在含有微分因果关系的键合图模型中，具有积分因果关系的储能元件个数决定了系统状态变量的个数。需要以下五步来建立状态方程。

（1）取积分因果关系 I 元件的广义动量 p 和 C 元件的广义位移 q 为状态变量，取 Se 元件的势和 Sf 元件的流作为输入变量，其下标代表相应元件的编号；

（2）由具有积分因果关系的储能元件、阻性元件的特性方程推出各元件的输出变量；

（3）具有微分因果关系的储能元件由具有积分因果关系的状态变量推导出广义动量或广义位移，将所得的广义动量或广义位移对时间求一阶导数；

（4）列出表达具有积分因果关系储能元件的 $\dot{p}$ 和 $\dot{q}$ 的势方程和流方程；

（5）将步骤（2）求的方程和步骤（3）推导出的微分因果关系的方程代入各势方程和流方程，化简整理得到系统的状态方程。

6.3　开关键合图的建模方法

开关键合图是基于解决非线性系统键合图建模的问题，运用具有开关性质的功率结型结构描述不同连续变量和非连续变量之间的转换关系，很适合含有间隙、时变啮合刚度等非线性因素的建模[17]。

结是键合图中最基本的功率传递元件，在结通口处流入的功率等于流出的功率，结的基本元件为1-结和0-结（其因果关系如图6.12所示）。1-结为共流结，与1-结键接的各根键上流相等，输入势与输出势的代数和为0，一个输入的流可确定所有输出的流；0-结为共势结，其结上各根键的势相等，输入流与输出流的代数和为0，一个输入的势可确定所有输出的势。

在0-结基础上增加一组互相排斥的流通口，在1-结基础上增加一组互相排斥的势通口，构成了功率结型结构，布尔变量 $\mu_i(i=1,2,3,\cdots,n)$ 控制结点上各根键的流通口或者势通口，$e_i(i=1,2,3,\cdots,n)$ 表示结点上各键的势变量，$f_i(i=1,2,3,\cdots,n)$ 表示结点上各键的流变量，把这样的0-结和1-结称为功率结型的0s-结和1s-结，则功率结型结构的因果关系如图6.16所示。

图6.16（a）中，0s-结上各根键 i 与对应的布尔变量 μ_i 相连，每一个势输入都由一个布尔变量 $\mu_i(i=1,2,3,\cdots,n)$ 控制。布尔变量的约束条件为

$$\mu_1+\mu_2+\cdots+\mu_n=1 \tag{6.18}$$

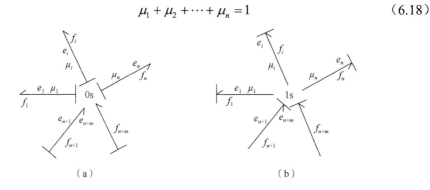

（a）　　　　　　　　　　　　　（b）

图6.16　0s-结和1s-结因果关系

当 μ_1 为1时，则势的输入键1生效，0s-结上其他的键失效，此时 e_1 为0s-结上唯一的势输入，并且与 $e_{n+1},e_{n+2},\cdots,e_{n+m}$ 相等，而通过0s-结的各流变量之和为0。则0s-结的特性方程为

$$\begin{cases} e_{n+1}=e_{n+2}=\cdots=e_{n+m}=\mu_1 e_1+\mu_2 e_2+\cdots+\mu_n e_n \\ f_1=\mu_1\left(f_{n+1}+f_{n+2}+\cdots+f_{n+m}\right) \\ \cdots\cdots \\ f_n=\mu_n\left(f_{n+1}+f_{n+2}+\cdots+f_{n+m}\right) \\ f_1+f_2+\cdots+f_n-f_{n+1}-f_{n+2}-\cdots-f_{n+m}=0 \end{cases} \tag{6.19}$$

式(6.19)说明，当 μ_1 为1时，e_1 为0s-结的势，键1的流为 $\mu_1\left(f_{n+1}+f_{n+2}+\cdots+f_{n+m}\right)$，流过键1的功率为 $\mu_1 e_1\left(f_{n+1}+f_{n+2}+\cdots+f_{n+m}\right)$，而流过键 $2,3,\cdots,n$ 的功率为0。

图 6.16（b）中，1s-结上各根键 i 与对应的布尔变量 μ_i 相连，每一个流输入都由一个布尔变量 $\mu_i(i=1,2,3,\cdots,n)$ 控制。当 μ_1 为 1 时，则流的输入键 1 生效，1s-结上其他的键失效，此时 f_1 为 1s-结的唯一流输入，并且与 $f_{n+1}, f_{n+2}+\cdots, f_{n+m}$ 相等，而通过 1s-结的各势变量之和为 0。则 1s-结的特性方程为

$$
\begin{cases}
f_{n+1} = f_{n+2} = \cdots = f_{n+m} = \mu_1 f_1 + \mu_2 f_2 + \cdots + \mu_n f_n \\
e_1 = \mu_1 \left(e_{n+1} + e_{n+2} + \cdots + e_{n+m} \right) \\
\cdots\cdots \\
e_n = \mu_n \left(e_{n+1} + e_{n+2} + \cdots + e_{n+m} \right) \\
e_1 + e_2 + \cdots + e_n - e_{n+1} - e_{n+2} - \cdots - e_{n+m} = 0
\end{cases}
\tag{6.20}
$$

由 0s-结和 1s-结的特性方程知，当 $n=1$ 时，功率结型结构（0s-结和 1s-结）就是普通的 0-结和 1-结，所表示的含义是相同的。

开关键合图的建模方法解决了非线性系统的键合图建模问题，功率结型结构使系统各根键上的因果关系在动态情况下保持不变，在系统状态方程的推导过程中保证方程的状态变量不是时变的，消除了动态仿真时可能出现代数环或仿真病态的问题。

6.4　RV 减速器非线性因素及其键合图模型的建立

RV 减速器是由多个元件组成的复杂的弹性系统，由于太阳轮与行星轮啮合的齿侧间隙、时变啮合刚度等非线性因素的影响，RV 减速器传动过程中的动态行为表现出复杂的非线性特征。另外，在加工制造以及安装时，RV 减速器会产生各种各样的误差，它们均将影响系统的动力学特性。考虑第一级减速部分时变啮合刚度、齿侧间隙和综合啮合误差等因素，建立行星轮与太阳轮的非线性力学模型，如图 6.17 所示。

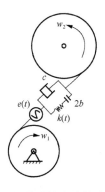

图 6.17　齿轮系统非线性力学模型

图 6.17 中，$k(t)$ 为时变啮合刚度，c 为啮合阻尼，$2b$ 为齿侧间隙，$e(t)$ 为综合啮合误差。

6.4.1　齿侧间隙

考虑到润滑和制造安装误差，齿轮副在设计时往往都留有齿侧间隙。齿轮系统在空载或轻载的状态下，齿侧间隙会使轮齿产生分离冲击，从而造成强烈的振动、噪声及由冲击带来的动载荷，严重影响齿轮系统传动稳定性和寿命。在工厂生产的 RV 减速器实际测试中，太阳轮与行星轮的啮合副齿侧间隙，对系统的振动、噪声影响很大，并且在 RV 减速器实际应用中，机器人经常处于轻载高速运转，或者处于频繁的启动、制动工作状态，齿侧间隙的存在会导致轮齿间的接触、脱离、再接触的重复冲击，使系统的动态响应出现非线性特征[18]。

根据齿侧间隙的物理含义及其表现形式，图 6.18 为啮合副间隙非线性函数，具有分段线性特征的间隙非线性函数表达式如式（6.21）所示，δ 为弹性变形：

$$f(\delta)=\begin{cases}\delta+b, & \delta<-b \\ 0, & -b\leqslant\delta\leqslant b \\ \delta-b, & \delta>b\end{cases} \tag{6.21}$$

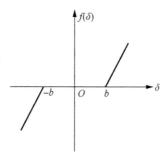

图 6.18　轮齿啮合副间隙非线性函数

根据文献[19]可知，行星齿轮传动中，齿轮啮合侧隙一般应比定轴齿轮传动稍大。对于精度较高的行星齿轮传动，太阳轮与行星轮的最小齿侧间隙取 120μm。

6.4.2　时变啮合刚度

在太阳轮与行星轮啮合过程中，由于齿轮的重合度一般不是整数，同时处于啮合状态的齿对数随时间周期性变化，在载荷不变的情况下，承担载荷的齿对数周期性变化会引起轮齿弹性变形也随之周期性变化，导致啮合刚度的时变性。因此齿轮啮合刚度是研究齿轮传动系统动力学性能的基础，是 RV 减速器产生振动的主要激励之一[20]。

齿轮副重合度是指齿轮啮合过程中同时参与啮合的轮齿对数的平均值，一般重合度大小为 1～2。齿轮在啮合过程中存在单对齿和双对齿啮合，对于某一轮齿，它在刚进入啮合时该齿轮副处在双齿啮合区，一段时间后则变为单齿啮合，在它将要啮出时又进入双齿啮合阶段。齿轮啮合刚度的周期性变化如图 6.19 所示。

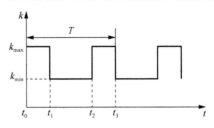

图 6.19　啮合刚度周期变化

图 6.19 中，$k_{\min}$ 为单齿啮合刚度，$k_{\max}$ 为双齿啮合刚度，T 为一个啮合周期。在一个啮合周期内，单齿啮合区为 (t_1, t_2)，双齿啮合区为 (t_0, t_1)，(t_2, t_3)。根据齿轮副运动关系可得出

$$\begin{cases} t_0 t_1 + t_2 t_3 = (\varepsilon_\alpha - 1)T \\ t_1 t_2 = (2 - \varepsilon_\alpha)T \end{cases} \tag{6.22}$$

式中，ε_α 为重合度。

设第一对主被动轮齿的单齿刚度为 k_{p1} 和 k_{g1}，第二对主被动轮齿的单齿刚度为 k_{p2} 和 k_{g2}，则在单齿啮合区，根据串联原理得到单齿啮合刚度为[21]

$$k_{\min} = \frac{k_{p1} k_{g1}}{k_{p1} + k_{g1}} \tag{6.23}$$

在双齿啮合区，根据并联原理得到双齿啮合刚度为

$$k_{\max} = \frac{k_{p1} k_{g1}}{k_{p1} + k_{g1}} + \frac{k_{p2} k_{g2}}{k_{p2} + k_{g2}} \tag{6.24}$$

则齿轮的啮合刚度可表示为

$$k(t) = \begin{cases} k_{\max}, & kT \leqslant t < kT + t_1 \\ k_{\min}, & kT + t_1 \leqslant t < kT + t_2 \\ k_{\max}, & kT + t_2 \leqslant t < (k+1)T \end{cases} \tag{6.25}$$

6.4.3　综合啮合误差

RV 减速器的太阳轮和行星轮的轮齿加工及齿轮的安装不可避免地会存在误差，啮合齿廓将偏离理论的理想位置，由于误差的时变特性，这种偏离就形成了啮合过程中的一种位移激励，即齿轮系统的综合啮合误差。在齿轮系统动力学分析中，区别于其他机械系统的一个明显特征是综合啮合误差计入啮合副的相对位移。

在进行齿轮动力学分析时，采用齿轮系统的啮合频率的简谐函数的方法即可得出比较可靠的结论[22]。用齿轮副综合啮合误差表示以齿轮啮合周期性变化的正弦函数：

$$e(t) = e_0 \sin(w_h t + \phi) \tag{6.26}$$

式中，e_0 为齿轮误差幅值；w_h 为啮合频率；ϕ 为啮合初相位。

6.4.4　含间隙及时变啮合刚度键合图模型的建立

根据刚度的定义，在啮合过程中，在任意点处轮齿所受的载荷 W 等于轮齿的弹性变形 δ 与综合啮合刚度的乘积：

$$W = k(t)\delta \tag{6.27}$$

当考虑太阳轮与行星轮之间的间隙时，轮齿在经过间隙时会有一个脱落接触的过程，在这个过程中，接触力为零，之后又重新接触，因此，考虑间隙时，载荷与弹性变形的关系可表示为

$$W = k(t) f(\delta) \tag{6.28}$$

根据键合图理论，容性元件 C 是势变量 $e(t)$ 和广义位移 $q(t)$ 之间存在某种静态关系的键合图元，将载荷 W 定义为势变量 $e(t)$，弹性变形 δ 定义为广义位移 $q(t)$。容性元件用容性参数来表示，公式为 $\dfrac{1}{k(t)}$。由于间隙函数 $f(\delta)$ 具有分段性特征，在建立键合图模型时为表述函数的时变性引入布尔变量 μ。轮齿所受的载荷 W 相对于齿侧间隙的三个状态如表 6.2 所示。

表 6.2　基本状态表

状态	状态特征	载荷 W
1	$\delta < -b$	$k(t) \cdot (\delta + b)$
2	$-b \leqslant \delta \leqslant b$	0
3	$\delta > b$	$k(t) \cdot (\delta - b)$

运用功率结型结构（0s-结）建立考虑间隙及时变啮合刚度的 RV 减速器键合图子模型，如图 6.20 所示。

图 6.20 中，μ_1, μ_2, μ_3 为相互排斥的布尔变量，用布尔变量 μ 来控制功率结中的功率通口，在任意时刻只有一个变量为 1，其余变量为 0。当 $\delta < -b$ 时，$\mu_1 = 1$，$\mu_2 = \mu_3 = 0$，容性元件 C_1 起作用，载荷 $W = k(t) \cdot (\delta + b)$；当 $-b \leqslant \delta \leqslant b$ 时，$\mu_2 = 1$，$\mu_1 = \mu_3 = 0$，容性元件 C_2 起作用，载荷 $W = 0$；当 $\delta > b$ 时，$\mu_3 = 1$，$\mu_1 = \mu_2 = 0$，容性元件 C_3 起作用，载荷 $W = k(t) \cdot (\delta - b)$。

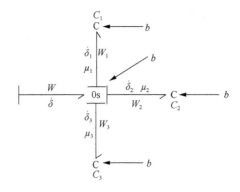

图 6.20　考虑间隙及时变啮合刚度的键合图模型

6.5　RV 减速器非线性键合图模型的建立

在建立 RV 减速器非线性键合图模型时，行星轮与太阳轮在啮合过程中受时变啮合刚度、制造误差、齿侧间隙的影响，通常表现为振动且具有强烈非线性的时变力学系统。建模过程中，考虑太阳轮与行星轮的齿侧间隙、时变啮合刚度及综合啮合误差等非线性因素。输入轴、曲柄轴和行星架的扭转刚度，用容性元件 C 表示；太阳轮、行星轮、摆线轮和行星架的转动惯量，用惯性元件 I 表示；太阳轮与行星轮的啮合阻尼用阻性元件 R 表示；因综合啮合误差与啮合线方向的变形量有关，对式（6.26）求导后再用流变量 Sf_2 来表示综合啮合误差。

（1）将表示扭转刚度的容性元件 C 键接在相应的 0-结上；

（2）将表示转动惯量的惯性元件 I、阻性元件 R 键接在相应的 1-结上；

（3）将表示第一、二级减速部分势和流变换关系的变换器 TF 键接在相应的结之间；

（4）输入转速 Sf_1 键接在表示输入轴的 0-结上，负载转矩 Se_1 键接在表示行星架的 1-结上，如图 6.21 所示；

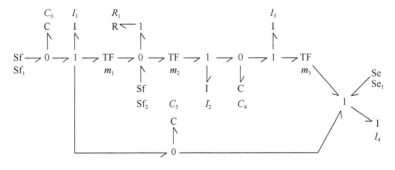

图 6.21　RV 减速器的键合图子模型

（5）考虑间隙及时变啮合刚度的键合图子模型键接在相应 1-结上；

（6）根据 RV 减速器的工作原理和功率流向，标注合适的因果关系及各键之间的功率流向，并对各键进行统一编号，建立 RV 减速器的非线性键合图模型，如图 6.22 所示。

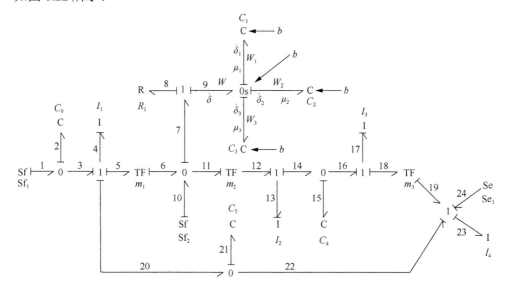

图 6.22　RV 减速器的非线性键合图模型

RV 减速器非线性键合图模型中键合图元的含义如表 6.3 所示。

表 6.3　键合图元的含义

键合图元	含义	键合图元	含义
Sf_1	输入转速	C_0	输入轴扭转刚度
Sf_2	综合啮合误差	C_4	曲柄轴扭转刚度
0s-	含间隙及时变刚度键合图模型	C_5	行星架扭转刚度
TF	第一、二级减速部分势和流的变换关系	I_1	太阳轮转动惯量
Se_1	负载转矩	I_2	行星轮转动惯量
R_1	太阳轮与行星轮的啮合阻尼	I_4	行星架转动惯量

6.6　本 章 小 结

（1）介绍了键合图理论的基本原理、基本的图元及其各元件之间相互关系，归纳总结出由键合图模型写状态方程的具体步骤，以实例分析了机械系统的键合图建模的过程。

（2）阐述了非线性键合图建模的方法，即开关键合图的建模方法，运用功率结型结构（0s-结和 1s-结）描述不同连续变量和非连续变量之间的转换关系。

（3）建立了 RV 针摆传动非线性键合图模型，模型考虑了太阳轮与行星轮的齿侧间隙、时变啮合刚度、综合啮合误差等非线性因素。

参 考 文 献

[1] Borutzky W. Bond graph methodology: development and analysis of multidisciplinary dynamic system models. London: Springer, 2010.

[2] 王俊年，龚明，王海乾. 大功率逆变器的键合图模型及故障诊断方法. 湖南科技大学学报(自然科学版)，2014，29(1):24-28.

[3] Yu X W, Biswas G, Weinberg J. MDS: an integrated architecture for associational and model-based diagnosis. Applied Intelligence, 2001, 14(2):179-195.

[4] Mosterman P J. Hybrid dynamic systems: a hybrid bond graph modeling paradigm and its application in diagnosis. Nashville: Vanderbilt University, 1997.

[5] 邱星辉，韩勤锴，褚福磊. 风力机行星齿轮传动系统动力学研究综述. 机械工程学报，2014，50(11):23-33.

[6] 任锦堂. 键图理论及应用——系统建模与仿真. 上海：上海交通大学出版社，1992.

[7] 王中双. 键合图理论及其在系统动力学中的应用. 哈尔滨：哈尔滨工程大学出版社，2007.

[8] 张尚才. 工程系统的键图模拟和仿真. 北京：机械工业出版社，1993.

[9] 赵轶，张百海. 基于键图的电机伺服系统的建模与仿真. 系统仿真学报，2005，17(6):1509-1511.

[10] Dmarikar A C, Umanand L. Modeling of switching systems in bond graphs using the concept of switched power junctions. Journal of the Franklin Institute, 2005, 342(5): 131-147.

[11] 王艾伦，刘云. 复杂机电系统动力学相似分析的键合图法. 中国机械工程，2010，22(1):74-77.

[12] 王中双. 基于键合图的含移动铰机电耦合系统动力学建模与仿真. 机械传动，2012，36(2):37-39.

[13] 王艾伦，刘云. 基于键合图的复杂多能域耦合系统相似理论与方法研究. 中国机械工程，2009，20(7):773-776.

[14] 宋冬然. 基于键合图理论的双级矩阵变换器励磁双馈风力发电系统的建模研究. 长沙：中南大学，2009.

[15] 于涛. 面向对象的多领域复杂机电系统键合图建模和仿真的研究. 北京：机械科学研究总院，2006.

[16] 冯桢. 基于多端口的键合图建模及模型降阶在工程中的应用. 青岛：山东科技大学，2007.

[17] 黄启林. 封闭式行星齿轮传动系统动态特性研究. 济南：山东大学，2014.

[18] 李力行，何卫东，王秀琦. 机器人用高精度 RV 传动研究. 中国机械工程，1999，10(9):1001-1002.

[19] 机械设计手册编委会. 机械设计手册新版(第 3 卷). 北京：机械工业出版社，2004.

[20] 胡鹏，路金昌，张义民. 含时变刚度及侧隙的多级齿轮系统非线性动力学特性分析. 振动与冲击，2014(15):150-156.

[21] 韩勤锴，王建军，李其汉. 考虑延长啮合时齿轮副啮合刚度模型. 机械科学与技术，2009，28(1):52-55.

[22] 唐飞熊. 兆瓦级风力发电机齿轮传动系统的动力学特性和可靠性研究. 重庆：重庆大学，2011.

第7章 基于键合图法 RV 减速器动力学特性分析

7.1 引　言

本章基于 RV 减速器非线性键合图模型，建立系统的状态方程。运用 MATLAB/Simulink 软件由系统状态方程建立 RV 减速器的仿真模型，分析研究 RV 减速器传动过程中各个零部件的角速度和角加速度随时间变化的规律，为改善系统的结构以及振动特性提供可靠的依据。

7.2　MATLAB/Simulink 软件简介

20 世纪 90 年代，MathWorks 公司推出基于 MATLAB 平台的 Simulink 软件包，它具有对动态系统进行建模、仿真和分析的面向结构图方式的仿真环境，它支持线性系统和非线性系统的可视化建模与仿真。Simulink 提供了一个建立模型方块图的图形用户界面（graphical user interface，GUI），只需要单击和拖动鼠标操作就能完成动态系统模型的创建[1]。与 MATLAB 求解各种微积分方程不同，Simulink 更简洁清晰。MATLAB/Simulink 广泛应用在自动控制、机械系统仿真、汽车工业、信号分析与计算等领域，逐渐成为系统仿真的首选计算机语言。

Simulink 动态系统仿真需要两步。首先，在 Simulink 的模型编辑器中直接拖动鼠标创建仿真模型，编辑器中各模型描述了系统中输入、输出、状态和时间的数学关系，然后在构建的 Simulink 模型中设置仿真参数进行动态系统仿真。

由于键合图模型可以方便地按照固定步骤转化为状态方程，利用 MATLAB 中 Simulink 模块库可以直接根据系统的状态方程来创建仿真模型。Simulink 拥有多领域物理建模方法，为机械系统的建模与仿真提供了新方法和新思路。

7.2.1　Simulink 多功能子模块库

Simulink 模块库中具有多种不同类型的模块。模块的类型决定了模块的输出、输入、状态与时间的关系，在建立 Simulink 系统模型时，可包含任意数目、任意类型的模块。模块库中将功能不同的模块分类存放，包括 16 个模块库，如 Sources（输入源模块库）、Sinks（输出模块库）、Math Operations（数学模块库）、Signal Routing（信号与系统模块组）、Linear（线性模块）和 Nonlinear（非线性模块）等各种组件模块库。也可以根据动态系统建模的实际需要自定义模块，将各个所需的模块连接在一起，创建出层次化的系统模型。创建出 Simulink 模型后，在 Simulink 菜单中选择不同的积分方法来仿真系统模型[2]。Simulink 模块库窗口如图 7.1 所示。

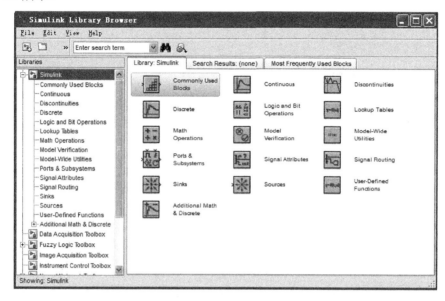

图 7.1　Simulink 模块库窗口

下面主要介绍一下信号与系统模块组，如图 7.2 所示，该模块组包含以下主要模块。

（1）混路器（Mux）和分路器（Demux）。混路器为信号组合模块，按向量的形式将多路信号混合成一路信号。例如，可以将要观测的多路信号合并成一路，连接到示波器上显示，这些信号就在一个示波器上同时显示出来。分路器为分解信号模块，将混路器组成的信号按指定的构成方法分解成多路信号。

（2）模型信息显示模块（Model Info）。允许显示模型的有关信息。

（3）选路器（Selector）。可以从多路输入信号中按要求的顺序输出所需路数的信号。

（4）各类开关模块。包括一般开关模块（Switch）、手动开关模块（Manual Switch）和多路开关模块（Multiport Switch）等。通过对开关量的值设置产生所需要的输出信号，分段函数的表示通常采用此模块。

（5）信号中转模块。包括 From 和 Goto 等，因为所建的系统模型比较复杂，采用这类模块可以避免信号线不必要的交叉，模型更加简练明了。

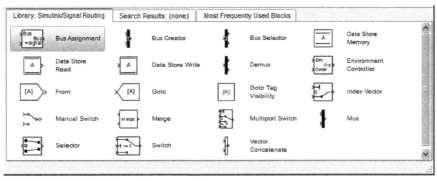

图 7.2　信号与系统模块组

7.2.2　Simulink 建模与仿真的特点

与其他仿真软件相比，Simulink 具有诸多优点：

（1）Simulink 提供了一个图形化的建模环境，可以在可视环境中进行框图式建模，直接通过鼠标单击和拖拉 Simulink 模块创建仿真模型；Simulink 有比较完整的帮助系统，使用户可以随时找到对应模块的说明，便于应用。

（2）采用模块组合的方法来创建动态系统的计算机模型，利用系统非连续系统模块创建非线性仿真模型，效果更为明显。

（3）支持包含连续采样时间和离散采样时间的混合系统仿真。

（4）交互式的仿真环境，既可通过下拉菜单执行仿真，也可通过命令行进行仿真。

（5）支持混合编程。Simulink 提供了一种函数规则——S 函数。S 函数可以是一个 M 文件、C 或 C++语言程序等，通过特殊的语法规则使之能够被 Simulink 模型或模块调用。S 函数使 Simulink 更加充实、完备，具有更强的处理能力。

7.3　RV 减速器系统状态方程的建立

键合图理论是以状态方程作为系统数学模型的，当系统的状态变量和基本元件确定之后，由键合图模型按照一定的规则方式列出系统的状态方程。在键合图理论中，以具有积分因果关系的广义动量和广义位移作为系统的状态变量，描述状态变量随时间变化的数学表达式称为状态方程。对于线性或非线性的连续系统，微分方程是系统状态方程最基本的形式。

根据图 6.22 所示的 RV 减速器非线性键合图模型，以惯性元件的广义动量 p 和容性元件的广义位移 q 为状态变量，各个单元的势和流分别用 e 和 f 表示，各键的编号为 1~24，其中 e 和 f 的下标为所在键的编号。系统含有 4 个容性元件和 4 个惯性元件，根据列写状态方程的规则，p_4 为微分因果关系，不能作为独立变量，则其他 4 个容性元件和 3 个惯性元件具有积分因果关系。

设整个系统状态变量为

$$X = [q_0, p_1, \delta, p_2, q_4, p_3, q_5]^{\mathrm{T}}$$

共势结 0-结上各根键上势相等，流的代数和为 0，有

$$\begin{cases} e_1 = e_2 = e_3, f_1 - f_2 - f_3 = 0 \\ e_6 = e_7 = e_{10} = e_{11}, f_6 + f_{10} - f_7 - f_{11} = 0 \\ e_{14} = e_{15} = e_{16}, f_{14} - f_{15} - f_{16} = 0 \\ e_{20} = e_{21} = e_{22}, f_{20} - f_{21} - f_{22} = 0 \end{cases} \tag{7.1}$$

共流结 1-结上各根键上流相等，势的代数和为 0，有

$$\begin{cases} f_3 = f_4 = f_5 = f_{20}, e_3 - e_4 - e_5 - e_{20} = 0 \\ f_7 = f_8 = f_9, e_7 - e_8 - e_9 = 0 \\ f_{12} = f_{13} = f_{14}, e_{12} - e_{13} - e_{14} = 0 \\ f_{16} = f_{17} = f_{18}, e_{16} - e_{17} - e_{18} = 0 \\ f_{19} = f_{22} = f_{23} = f_{24}, e_{19} + e_{22} + e_{24} - e_{23} = 0 \end{cases} \tag{7.2}$$

根据变换器 TF 的特点，可得

$$\begin{cases} e_5 = m_1 e_6, f_6 = m_1 f_5 \\ e_{12} = m_2 e_{11}, f_{11} = m_2 f_{12} \\ e_{18} = m_3 e_{19}, f_{19} = m_3 f_{18} \end{cases} \tag{7.3}$$

阻性元件的特性方程为

$$e_8 = R_1 f_8 \tag{7.4}$$

容性元件的特性方程为

$$\begin{cases} e_2 = \dfrac{q_0}{C_0} \\ e_{15} = \dfrac{q_4}{C_4} \\ e_{21} = \dfrac{q_5}{C_5} \end{cases} \tag{7.5}$$

惯性元件的特性方程为

$$\begin{cases} f_4 = \dfrac{p_1}{I_1} \\[2mm] f_{13} = \dfrac{p_2}{I_2} \\[2mm] f_{17} = \dfrac{p_3}{I_3} \end{cases} \tag{7.6}$$

含间隙及时变啮合刚度的状态方程为

$$\begin{cases} W = W_1\mu_1 + W_2\mu_2 + W_3\mu_3 \\ \dot{\delta}_1 = \mu_1\dot{\delta} \\ \dot{\delta}_2 = \mu_2\dot{\delta} \\ \dot{\delta}_3 = \mu_3\dot{\delta} \\ \dot{\delta} = \dot{\delta}_1 + \dot{\delta}_2 + \dot{\delta}_3 \end{cases} \tag{7.7}$$

式中，μ 为布尔变量；W 由式（6.28）确定，即

$$W = \begin{cases} k(t)(\delta + b), & \delta < -b \\ 0, & -b \leqslant \delta \leqslant b \\ k(t)(\delta - b), & \delta > b \end{cases} \tag{7.8}$$

综合啮合误差的特性方程为

$$f_{10} = e(t)' = e_0 w_h \cos(w_h t) \tag{7.9}$$

p_4 为微分因果关系，由 $f_{23} = f_{19} = m_3 f_{17}$ 可知

$$\frac{p_4}{I_4} = m_3 \frac{p_3}{I_3}$$

则 p_4 的特性方程为

$$p_4 = m_3 \frac{I_4}{I_3} p_3 \tag{7.10}$$

两边求导可得

$$\dot{p}_4 = m_3 \frac{I_4}{I_3} \dot{p}_3 \tag{7.11}$$

根据系统因果关系和功率流方向可列写 $\dot{q}_0, \dot{p}_1, \dot{\delta}, \dot{p}_2, \dot{q}_4, \dot{p}_3, \dot{q}_5$ 的流方程和势方程如下式所示：

$$
\begin{cases}
\dot{q}_0 = sf_1 - f_3 = sf_1 - f_4 \\
\dot{p}_1 = e_3 - e_5 - e_{20} = e_2 - e_5 - e_{21} \\
\dot{\delta} = f_6 - f_{10} - f_{11} \\
\dot{p}_2 = e_{12} - e_{14} = e_{12} - e_{15} \\
\dot{q}_4 = f_{14} - f_{16} = f_{13} - f_{17} \\
\dot{p}_3 = e_{16} - e_{18} = e_{15} - e_{18} \\
\dot{q}_5 = f_{20} - f_{22} = f_4 - f_{19}
\end{cases}
\tag{7.12}
$$

将式（7.1）～式（7.11）代入式（7.12），得到 RV 减速器键合图模型的非线性系统状态方程为

$$
\begin{cases}
\dot{q}_0 = \mathrm{Sf}_1 - \dfrac{p_1}{I_1} \\[2mm]
\dot{p}_1 = \dfrac{q_0}{C_0} - m_1\left(R_1\left(m_1\dfrac{p_1}{I_1} - m_2\dfrac{p_2}{I_2} + W\right)\right) - \dfrac{q_5}{C_5} \\[2mm]
\dot{\delta} = m_1\dfrac{p_1}{I_1} - m_2\dfrac{p_2}{I_2} - e_0 w_h\cos(w_h t) \\[2mm]
\dot{p}_2 = m_2\left(R_1\left(m_1\dfrac{p_1}{I_1} - m_2\dfrac{p_2}{I_2} + W\right)\right) - \dfrac{q_4}{C_4} \\[2mm]
\dot{q}_4 = \dfrac{p_2}{I_2} - \dfrac{p_3}{I_3} \\[2mm]
\dot{p}_3 = \dfrac{I_3}{m_3^2 I_4 + I_3}\left(\dfrac{q_4}{C_4} + m_3\dfrac{q_5}{C_5} + m_3\mathrm{Se}_1\right) \\[2mm]
\dot{q}_5 = \dfrac{p_1}{I_1} - m_3\dfrac{p_3}{I_3}
\end{cases}
\tag{7.13}
$$

7.4　Simulink 模型的建立

建立系统的数学模型后，利用 Simulink 模块库可以直接根据系统的数学模型来创建仿真模型。无论多么复杂的 Simulink 模型都可以概括为一种基本结构，如图 7.3 所示。

图 7.3　Simulink 模型基本结构

系统模块（System）作为中心模块是 Simulink 仿真建模所要解决的主要部分，信号源（Source）为信号的输入模块，它包括常数信号源、斜坡输入（Ramp）、阶跃输入（Step）等。系统的输出由显示模块接收，输出模块主要在 Sinks 库中。

由系统状态方程即微分方程建立仿真模型通常有如下三种方法：

（1）将微分方程转换成传递函数，然后再建模；

（2）将微分方程转换成空间状态模型，可直接调用 State-Space 模块进行建模；

（3）由微分方程直接建模。

本章采用第三种方法直接建立 Simulink 模型，因建立的模型比较复杂，通过建立状态方程中各个方程的子系统模型，然后根据状态方程中变量间的关系连接各个子系统得到 Simulink 模型。为了使所建模型简洁明了，避免信号线不必要的交叉，采用信号与系统模块组中的信号中转模块即 From 和 Goto 模块，From 为从 Goto 模块获得输入信号模块，Goto 为向 Goto 模块传递数据模块。

根据系统的状态方程及 Simulink 相关模块，含间隙、时变啮合刚度及综合啮合误差的非线性部分的建模如图 7.4 所示。

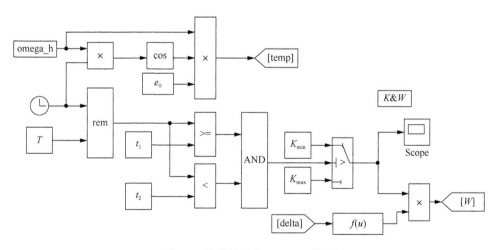

图 7.4　非线性部分 Simulink 模型

基于 MATLAB/Simulink 的 RV 减速器非线性动力学仿真模型如图 7.5 所示。

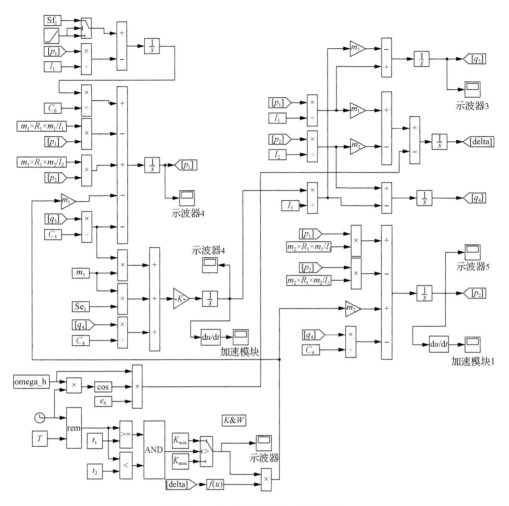

图 7.5　RV 减速器的 Simulink 模型

7.5　模型中参数的确定

建立 RV 减速器的 Simulink 模型后，确定元件类型及参数，选择合适的积分方法进行仿真。RV80E 型减速器的参数如表 7.1 所示。

表 7.1　RV80E 型减速器的主要参数

第一级减速部分			第二级减速部分		
参数	太阳轮	行星轮	参数	摆线轮	针轮
齿数	16	32	齿数	39	40
齿宽/mm	7.0		齿宽/mm	12	24
压力角/(°)	20		针齿分布圆直径/mm	—	154.0
模数/mm	1.75		针齿直径/mm	—	7.0
变位系数	+0.50	−0.55	偏心距/mm	1.5	
传动比	81		传动比	81	

7.5.1　系统主要构件的转动惯量

1.　太阳轮的转动惯量

在 RV 减速器中，输入轴和渐开线中心齿轮做成了输入齿轮轴，所用的材料为 20CrMo，密度 $\rho_1 = 7850\text{kg/m}^3$，输入轴是阶梯轴（图 7.6），计算各段的转动惯量并进行叠加，则转动惯量为

$$I_1 = \frac{\pi\rho_1}{2}\left(\frac{l_1 r_1^4}{2} + \frac{l_2 r_2^4}{2} + \frac{l_3 r_3^4}{2}\right) = 1.04 \times 10^{-4}\,\text{kg}\cdot\text{m}^2$$

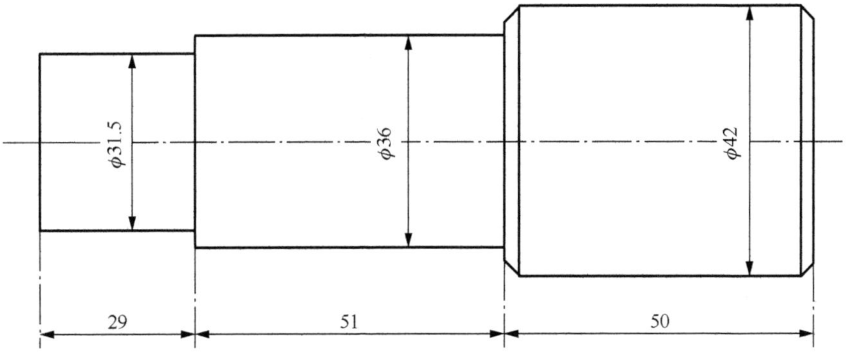

图 7.6　齿轮轴的结构示意图（单位：mm）

2.　行星轮的转动惯量

行星轮所用的材料与太阳轮相同，已知行星轮的质量 $m_2 = 0.126\text{kg}$，则行星轮的转动惯量为

$$I_2 = \frac{1}{2}m_2 r_2^2 = 4.36 \times 10^{-5}\,\text{kg}\cdot\text{m}^2$$

式中，行星轮基圆半径 $r_2 = 0.0263\text{m}$。

3. 摆线轮的转动惯量

摆线轮所用材料为 GCr15，已知摆线轮质量 $m_3 = 0.674\text{kg}$，在对摆线轮进行转动惯量计算时，把其视为实心圆柱体进行处理，则转动惯量为

$$I_3 = \frac{1}{2}m_3 r_3^2 = 1.82 \times 10^{-3}\,\text{kg}\cdot\text{m}^2$$

式中，摆线轮节圆半径 $r_3 = 0.0735\text{m}$。

4. 输出行星架的转动惯量

行星架所用的材料为 20CrMn，已知输出行星架的质量 $m_4 = 3.013\text{kg}$，则转动惯量为

$$I_4 = \frac{1}{2}m_4 r_4^2 = 7.07 \times 10^{-3}\,\text{kg}\cdot\text{m}^2$$

式中，行星架半径 $r_4 = 0.0685\text{m}$。

7.5.2　系统主要构件的扭转刚度

1. 输入轴的扭转刚度

输入轴为阶梯轴，可近似看作当量直径为 d_v 的光轴，则其扭转刚度可通过扭转变形来计算。当量直径计算公式为

$$d_v = \sqrt[4]{\dfrac{L}{\sum\limits_{i=1}^{3}\dfrac{l_i}{d_i^4}}} \tag{7.14}$$

弹性模量为

$$I_p = \frac{\pi d_v^4}{32} \tag{7.15}$$

则扭转刚度为

$$k_0 = GI_p = \frac{G\pi}{32}\frac{L}{\sum\limits_{i=1}^{3}\dfrac{l_i}{d_i^4}} \tag{7.16}$$

式中，L 为输入轴的总长度；G 为材料的切变模量，一般取 $G = 79.4\text{GPa}$。代入参数可求得输入轴的扭转刚度为 $k_0 = 1.33 \times 10^4\,\text{N}\cdot\text{m/rad}$。

2. 曲柄轴的扭转刚度

曲柄轴的偏距很小（1.5mm），可忽略偏心的影响，扭转刚度的计算把曲柄轴简化为直轴来处理，曲柄轴的结构示意图如图 7.7 所示。

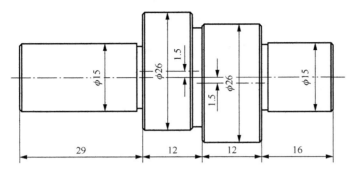

图 7.7　曲柄轴的结构示意图（单位：mm）

由于曲柄轴上承受的扭转力矩主要由行星轮和摆线轮的作用力引起，则轴的长度取行星轮与两个摆线轮距离的均值。代入参数求得曲柄轴的扭转刚度为

$$k_4 = 2.93 \times 10^4 \, \text{N} \cdot \text{m/rad}$$

3. 行星架的扭转刚度

通过在工厂中实际测量，取行星架的扭转刚度为

$$k_5 = 8 \times 10^4 \, \text{N} \cdot \text{m/rad}$$

7.5.3　渐开线齿轮时变啮合刚度及啮合阻尼计算

轮齿啮合刚度是指在整个轮齿啮合区中，参与啮合的各对轮齿的综合效应，轮齿的接触区域会由齿根逐渐到齿顶或逐渐由齿顶到齿根，轮齿受力位置的变化引起轮齿弹性变形的变化。在单齿啮合区，引起轮齿的弹性变形较大，啮合综合刚度较小；在双齿啮合区，两对轮齿同时受载荷，导致轮齿的弹性变形较小，啮合综合刚度较大，齿轮啮合刚度具有周期时变性。

对于单个齿轮的刚度，Kuang 等[3]和 Hu 等[4]通过二次有限元模型结果回归拟合得到的计算公式，在限定的范围内有很高的精度，适用于 $-0.6 < X_i < 0.6$、$12 < N_i < 100$ 的钢制齿轮。本章采用该公式进行单齿啮合刚度的计算。计算公式为

$$k_i(r_i) = (A_0 + A_1 X_i) + (A_2 + A_3 X_i) \frac{r_i - R_i}{(1 + X_i)m} \tag{7.17}$$

式中，r_i, R_i, X_i 分别为啮合点到齿轮圆心的距离、节圆半径、变位系数；m 为模数；

$$A_0 = 3.967 + 1.612 z_i - 0.029 z_i^2 + 0.0001553 z_i^3$$
$$A_1 = 17.060 + 0.7289 z_i - 0.01728 z_i^2 + 0.0000993 z_i^3$$
$$A_2 = 2.637 - 1.222 z_i + 0.02217 z_i^2 - 0.0001179 z_i^3$$
$$A_3 = -6.330 - 1.033 z_i + 0.02068 z_i^2 - 0.0001130 z_i^3$$

其中，z_i 为齿轮的齿数。

根据式（7.17）计算得到单个齿轮的刚度，然后代入式（6.23）、式（6.24）计算得到渐开线齿轮的时变啮合刚度，$k_{min} = 0.982 \times 10^8 \, \text{N/m}$，$k_{max} = 2.773 \times 10^8 \, \text{N/m}$。

由于计算的扭转刚度及啮合刚度结果单位不一致，无法直接进行计算，因此把渐开线齿轮的啮合刚度转化为相应的等效扭转刚度来计算[5]：

$$k_{12}^e = 2k_{12}r_1^2 \qquad (7.18)$$

式中，k_{12}^e 为等效的扭转刚度，$\text{N} \cdot \text{m/rad}$；$k_{12}$ 为齿轮啮合刚度，N/m；r_1 为太阳轮的基圆半径，m。可求得 $k_{min}^e = 3.401 \times 10^4 \, \text{N} \cdot \text{m/rad}$，$k_{max}^e = 9.605 \times 10^4 \, \text{N} \cdot \text{m/rad}$。

啮合阻尼的形成与润滑条件、工况等因素有关，很难求解啮合阻尼的精确值，根据文献[6]，可由经验公式计算：

$$c_m = 2\xi \sqrt{k_m r_1^2 r_2^2 I_1 I_2 / r_1^2 I_1 + r_2^2 I_2} \qquad (7.19)$$

式中，ξ 为齿轮啮合阻尼比，按照 Kasuba 等[7]和 Wang 等[8]的分析计算，取值范围为 $0.03 \sim 0.17$，本章取均值 0.1；k_m 为齿轮平均啮合刚度，N/m；I_1 和 I_2 为齿轮的转动惯量，$\text{kg} \cdot \text{m}^2$；$r_1$ 和 r_2 为齿轮的基圆半径，m；c_m 为齿轮啮合阻尼，$\text{N} \cdot \text{s/m}$。

7.5.4 负载转矩的确定

在负载转矩的作用下，对 RV 减速器的动力学特性研究才有意义。RV80E 的额定转矩为 $784 \text{N} \cdot \text{m}$，将额定转矩的 55% 作为负载转矩加载到输出行星架上，即所加的负载转矩为

$$\text{Se} = 784 \times 55\% = 431 \text{N} \cdot \text{m}$$

7.6 仿真结果分析

设输入转速 $\text{Sf}_1 = 1200 \text{r/min}$，即 125.7rad/s，在 $0 \sim 1\text{s}$ 内从 0 逐渐增大到 125.7rad/s，第一级行星齿轮传动，齿轮啮合旋转一周时间为 0.05s，为研究影响 RV 减速器动力学特性的因素，仿真时间设置为 5s，采用四阶龙格-库塔法进行求解，得到系统输出转速、转矩、角加速度及各零部件的角速度、角加速度随时间变化曲线。

7.6.1 系统的仿真结果分析

1. 输出转速随时间变化曲线

输出转速随时间变化的曲线如图 7.8 所示。

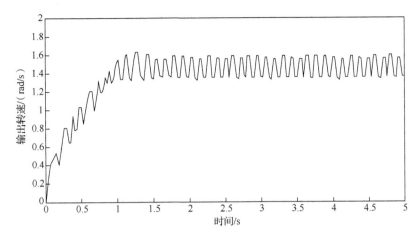

图 7.8　系统输出转速

输出转速达到稳定时输出结果和理论值对比偏差非常小，且输出转速方向与输入转速方向一致。由图 7.8 可知，在 0～1s 范围内，输出转速逐渐增大；当时间达到 1s 后，转速达到平稳，在一定的数值附近微小波动。把 RV 减速器的系统各零部件当弹性体考虑，以及各零部件之间的接触作用力造成了冲击与振动，导致输出速度的波动。

2．输出角加速度随时间变化曲线

输出角加速度随时间变化曲线如图 7.9 所示。

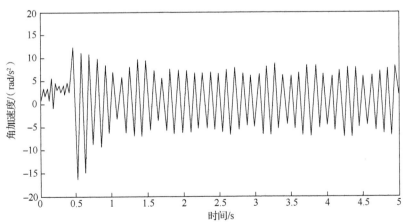

图 7.9　系统输出角加速度

由图 7.9 可知，角加速度在 0.5s 左右达到最大值，但是数值逐渐减小，由于第一级减速中太阳轮与行星轮啮合阻尼存在，在减速的过程中有能量的损耗。1s 以后达到平稳状态，RV 减速器齿轮啮合时变刚度、误差激励作用及接触面间的接触力、接触面积不断变化引起的振动和冲击，使角加速度在 0 附近随时间变化的曲线呈现正弦形式的振动。

3. 输出转矩随时间变化曲线

输出转矩随时间变化曲线如图 7.10 所示。由图 7.10 可知，输出转矩在 0.5s 时达到最大值，即角加速度达到最大值时对应的转矩达到最大。1s 以后达到稳定的转矩输出，并在负载转矩 431N·m 上下波动。各构件受到负载后发生变形及太阳轮与行星轮的间隙存在引起的振动冲击，导致转矩的波动。

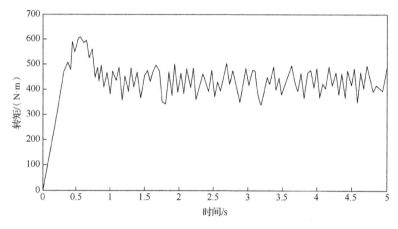

图 7.10　系统输出转矩

7.6.2　角速度的仿真结果分析

RV 减速器关键部件输入轴、行星轮及摆线轮的角速度随时间变化曲线如图 7.11～图 7.13 所示。

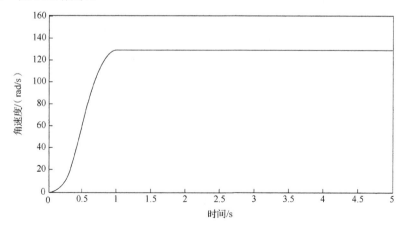

图 7.11　输入轴角速度

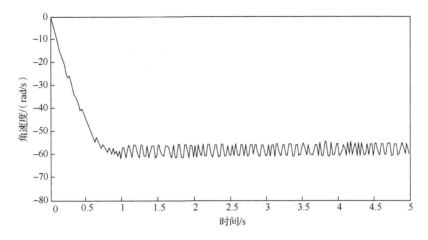

图 7.12　行星轮角速度

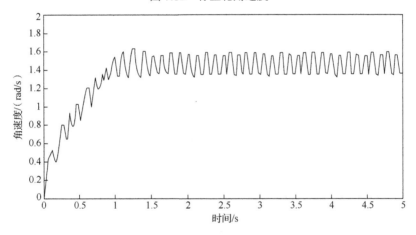

图 7.13　摆线轮角速度

1. 角速度方向

由图 7.11～图 7.13 可知，输入轴角速度为正值时，行星轮的角速度为负值，摆线轮的角速度为正值。由仿真结果可知各个传动构件的转动方向与理论分析相一致，符合 RV 减速器的传动原理。

2. 角速度大小

在 0～1s 内，行星轮、摆线轮的角速度大小逐渐增大；1s 之后，行星轮、摆线轮的角速度达到稳定运行状态。在平稳运行阶段，由于齿侧间隙及时变啮合刚度的影响，行星轮和摆线轮的角速度在一定的数值附近呈现正弦周期性波动，且摆线轮角速度和系统输出角速度大小相同，验证了 RV 减速器的传动输出是摆线轮的自转速度这一结论。

将各角速度仿真值与表 5.1 的理论计算结果对比，如表 7.2 所示。

表 7.2　仿真值与理论计算结果对比

传动构件	理论值/（rad/s）	仿真值/（rad/s）
太阳轮	125.67	125.67
行星轮	−60.51	−59.35
行星架（输出）	1.55	1.49

由表 7.2 可知，各角速度仿真值与理论计算结果相比误差很小，表明了所建立的 RV 减速器键合图模型的正确性。

7.6.3　角加速度的仿真结果分析

输入轴、行星轮及摆线轮的角加速度随时间变化曲线如图 7.14～图 7.16 所示。

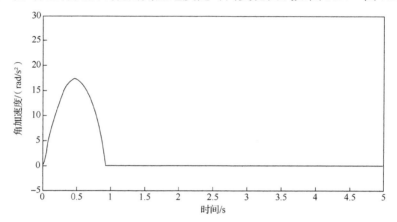

图 7.14　输入轴角加速度

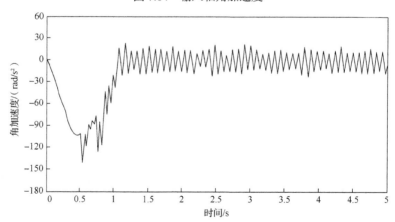

图 7.15　行星轮角加速度

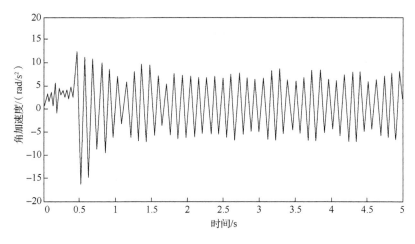

图 7.16　摆线轮角加速度

由图 7.14～图 7.16 可知，在 0～1s 内，输入轴、行星轮、摆线轮处于加速阶段，角加速度在 0.5s 时达到最大值，然后数值逐渐减小，由于啮合阻尼的存在，在传动过程中有能量的损耗；1s 后，各个传动零部件的角加速度进入平稳振动状态。行星轮和摆线轮的角加速度在 0 附近振荡，这是各零部件的扭转刚度及传动过程中内部激振所带来的冲击和振动导致的，且摆线轮角加速度与输出角加速度曲线是一致的。

7.7　本 章 小 结

（1）根据 RV 减速器的键合图模型，以系统中容性元件的广义位移和惯性元件的广义动量为状态变量，规则化推导出系统的状态方程。

（2）基于 MATLAB/Simulink 软件，根据系统的状态方程创建非线性仿真模型。并计算系统中各参数值，包括各构件的转动惯量、扭转刚度、负载转矩以及太阳轮与行星轮的啮合阻尼。

（3）基于 MATLAB/Simulink 对系统进行动力学仿真分析，得出系统输出转速、输出角加速度、输出转矩以及各部件的角速度、角加速度随时间变化曲线，并且分析了引起曲线振荡的原因。角速度仿真值和理论计算值相比误差很小，验证了所建 RV 减速器键合图模型的正确性。为下面进一步分析参数变化对系统动力学特性的影响奠定了基础。

参 考 文 献

[1] 翟兆阳. 柔性基础悬臂梁振动主动控制. 西安：西安理工大学，2010.

[2] 周高峰，赵则祥. MATLAB/SIMULINK 机电动态系统仿真及工程应用. 北京：北京航空航天大学出版社，2014.

[3] Kuang J H, Yang Y T. An estimate of mesh stiffness and load sharing ratio of a spur gear pair. Journal of International Power Transmission and Gearing Conference, 1992(1):1-9.

[4] Hu Z, Tang J, Zhong J, et al. Effects of tooth profile modification on dynamic responses of a high speed gear-rotor-bearing system. Mechanical Systems and Signal Processing, 2016(76-77): 294-318.

[5] 严细海，张策，李充宁. RV 减速机的扭转振动的固有频率及其主要影响因素. 机械科学与技术，2004，23(8):991-994.

[6] 李润方，王建军. 齿轮系统动力学——振动、冲击、噪声. 北京：科学出版社，1997.

[7] Kasuba R, Evans J W. An extended model for determining dynamic loads in spur gearing. Journal of Mechanical Design, 1981, 103(2): 398-409.

[8] Wang K L, Cheng H S. A numerical solution to the dynamic load, film thickness, and surface temperatures in spur gears, PartI: analysis. Journal of Mechanical Design, 1981, 103(1): 177-187.

第8章　参数变化对 RV 减速器动力学特性的影响

8.1　引　　言

行星齿轮传动系统在齿侧间隙、齿面摩擦、时变刚度及级间耦合等因素激励下表现出丰富的非线性动力学特性，呈现复杂的非线性动态响应[1-2]。为了较好地反映 RV 减速器在动态激励下的非线性振动特性，本章 RV 减速器键合图模型考虑了齿侧间隙、时变啮合刚度等非线性因素的影响，在不改变其他参数的情况下，分析系统在齿侧间隙、啮合阻尼及负载激励因素作用下的振动状态，揭示动态激励参数对系统的影响规律。

8.2　齿侧间隙的影响

齿侧间隙的存在会产生齿间冲击，影响 RV 减速器传动的平稳性。研究齿侧间隙对系统动力学特性的影响，为实际加工制造选择合适的齿侧间隙提供理论依据，在保证润滑、减小摩擦生热的同时，减小系统的振动与噪声。在其他仿真条件不变的情况下，分别设定齿侧间隙为$100\mu m$，$120\mu m$，$150\mu m$，$195\mu m$，$230\mu m$，$260\mu m$，$290\mu m$，$320\mu m$，$360\mu m$仿真分析，得到 RV 减速器的输出角加速度曲线，如图 8.1～图 8.9 所示。

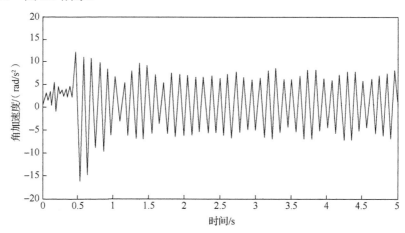

图 8.1　间隙为$100\mu m$时输出角加速度

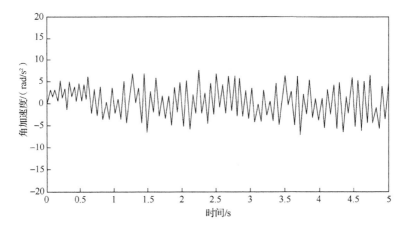

图 8.2　间隙为 120μm 时输出角加速度

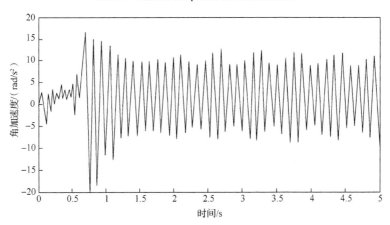

图 8.3　间隙为 150μm 时输出角加速度

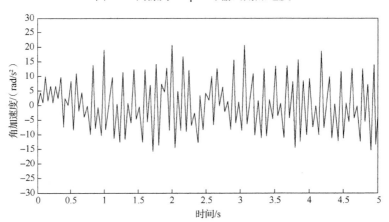

图 8.4　间隙为 195μm 时输出角加速度

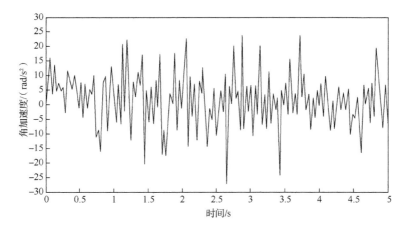

图 8.5　间隙为 230μm 时输出角加速度

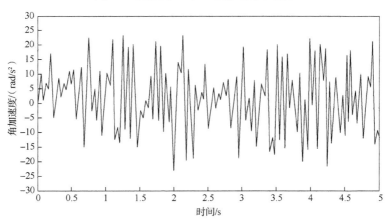

图 8.6　间隙为 260μm 时输出角加速度

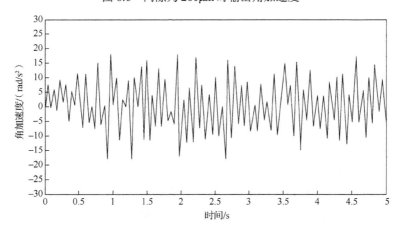

图 8.7　间隙为 290μm 时输出角加速度

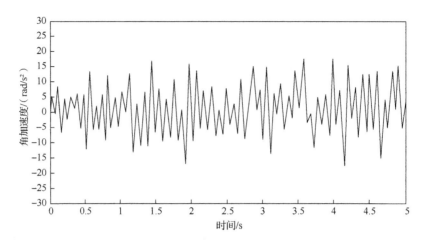

图 8.8　间隙为 320μm 时输出角加速度

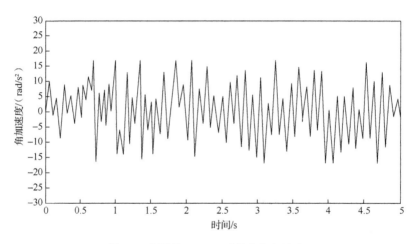

图 8.9　间隙为 360μm 时输出角加速度

由不同齿侧间隙系统输出角加速度曲线可看出，间隙为 100μm 时，振动波形呈现不规则波动；当间隙为 120μm 和 150μm 时，振动波形为规则性正弦波；当间隙增大到 195μm 时，振动波形开始出现明显的不规则振荡，波形含有高频、低频振动分量。

当间隙为 100μm 时，振动幅值为 7rad / s²，过小的齿侧间隙不利于齿轮传动。

在规律性的振动波形下，间隙对启动阶段影响较大，当间隙为 120μm 时，角加速度在 0.65s 达到最大值，达到稳定状态时振动幅值为 8rad / s²；间隙为 150μm 时，角加速度在 0.7s 达到最大值，达到稳定状态时振动幅值为 13rad / s²。随间隙增大，引起的滞后相应增大。在稳定状态时，角加速度的振动幅值随间隙增大而增大。

当间隙达到195μm后，振动波形为不规则振荡，且表现为很强的非线性，不利于 RV 减速器的平稳传动。间隙为195μm 时，振动幅值为20rad/s²；间隙为230μm 时，振动幅值为24rad/s²；间隙为260μm 时，振动幅值为23rad/s²；间隙为290μm 时，振动幅值为18rad/s²；间隙为320μm 时，振动幅值为17rad/s²；间隙为360μm 时，振动幅值为16.5rad/s²。齿侧间隙的大小与振动加速度幅值之间的关系如图 8.10 所示。

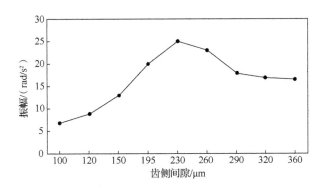

图 8.10 齿侧间隙对角加速度的影响

由图 8.10 可知，当齿侧间隙从100μm 增大到360μm 时，加速度的振幅从小逐渐增大到较大的值，然后减小到一定值，变化不再明显，且齿侧间隙为230μm 时，振动幅值达到最大值。由于齿侧间隙增大到一定值时，太阳轮与行星轮间的啮合处于单边冲击状态，加速度的振幅将维持在一定的范围内，继续增大齿侧间隙不会对系统的振动产生大的影响。

因此，在120～195μm 范围内选择合适的齿侧间隙，保持角加速度稳定的振动，有有效改善 RV 减速器系统的振动特性。

8.3 阻尼的影响

阻尼是系统振动衰减的主要因素，本章按定阻尼考虑，但是实际的传动过程中阻尼是变化的，本节分析不同阻尼对行星轮及输出加速度的影响。阻尼比 ξ 取值范围为 0.03～0.17，分别取 $\xi=0.05, \xi=0.1, \xi=0.15$，仿真得到 RV 减速器的行星轮达到稳定状态时角加速度和系统输出角加速度曲线，如图 8.11～图 8.16 所示。

1. 不同阻尼对行星轮角加速度的影响

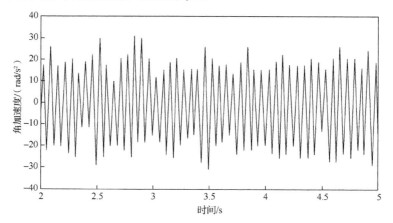

图 8.11　阻尼比为 0.05 时行星轮角加速度

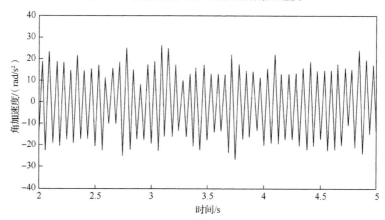

图 8.12　阻尼比为 0.1 时行星轮角加速度

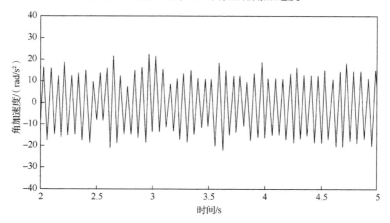

图 8.13　阻尼比为 0.15 时行星轮角加速度

2. 不同阻尼对输出角加速度的影响

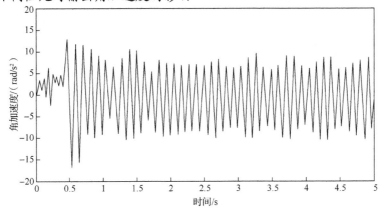

图 8.14　阻尼比为 0.05 时输出角加速度

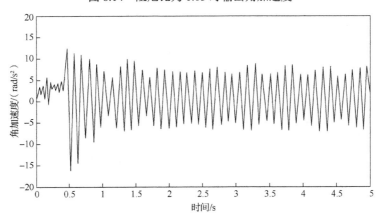

图 8.15　阻尼比为 0.1 时输出角加速度

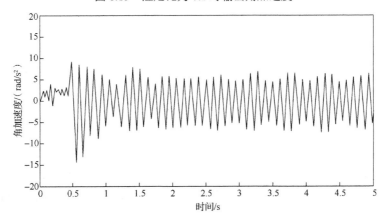

图 8.16　阻尼比为 0.15 时输出角加速度

不同阻尼下仿真结果表明，达到稳定状态后，随啮合阻尼的增加，行星轮角加速度及输出角加速度的振幅减小。振荡规律性基本不变，阻尼对角加速度的影响主要体现在振幅上。不同阻尼时行星轮及输出角加速度振动幅值如图 8.17 所示。

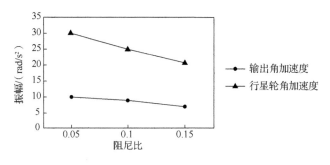

图 8.17　阻尼比与振动幅值图

阻尼增大对行星轮角加速度的振动幅值抑制较为明显。阻尼比为 0.05 时，行星轮角加速度振动幅值为 30rad/s^2；阻尼比为 0.1 时，角加速度的振动幅值为 25rad/s^2；阻尼比为 0.15 时角加速度的振动幅值为 21rad/s^2。

随阻尼增大，输出角加速度的振幅衰减不是很明显，但是有一定的减振作用。阻尼比为 0.05 时，输出角加速度振动幅值为 10rad/s^2；阻尼比为 0.1 时振动幅值为 9rad/s^2；阻尼比为 0.15 时振动幅值为 7rad/s^2。

齿轮啮合阻尼的增加导致耗散能量变大，进而有效地抑制振动的加剧。但过大的阻尼会使系统能量耗散，系统传动效率低。选择合适的阻尼能减小系统的振动。

8.4　负载的影响

分析负载对减速器振动的影响，已知 RV80E 的额定转矩为 $784\text{N}\cdot\text{m}$，分别设置负载转矩为 $200\text{N}\cdot\text{m}, 431\text{N}\cdot\text{m}, 700\text{N}\cdot\text{m}$，其他参数不变，对 RV 减速器进行仿真，得到输出角加速度随时间变化的曲线，如图 8.18～图 8.20 所示。

对比不同负载下角加速度曲线可知，负载主要对振动幅值有一定影响，振动幅值随负载增大而减小。负载转矩为 $200\text{N}\cdot\text{m}$ 时，达到平稳状态后角加速度振动幅值为 12rad/s^2；负载转矩为 $431\text{N}\cdot\text{m}$ 时，角加速度的振动幅值为 9rad/s^2；负载转矩为 $700\text{N}\cdot\text{m}$ 时，角加速度的振动幅值减小到 6rad/s^2。不同负载下，角加速度的变化规律未发生明显变化。在额定转矩条件下，负载对减速器的振动有一定的抑制作用。

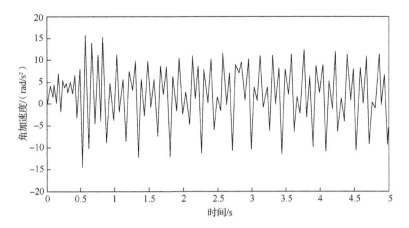

图 8.18　转矩为 200N·m 时输出角加速度

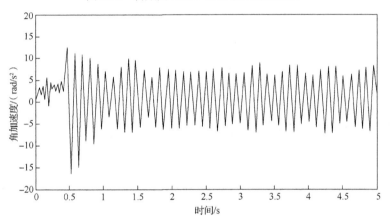

图 8.19　转矩为 431N·m 时输出角加速度

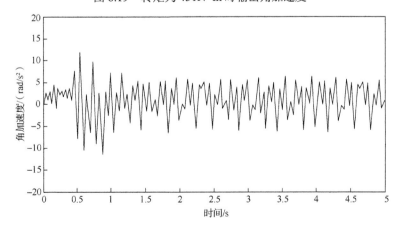

图 8.20　转矩为 700N·m 时输出角加速度

8.5 本 章 小 结

基于 RV 减速器的 Simulink 仿真模型,研究了系统参数对动力学特性的影响,揭示了几类重要参数对系统动力学特性的影响规律,为 RV 减速器实际加工提供了参考依据。

(1)分析了齿侧间隙对系统输出角加速度的影响,结果表明,在一定齿侧间隙范围内,齿侧间隙对启动阶段影响较大,随间隙增大,引起的滞后相应增大,达到稳定状态时,间隙越大,加速度振动幅值越大,达到一定值时系统表现不规则的强非线性振动,不利于 RV 减速器的稳定输出,在实际加工中要严格控制齿侧间隙的大小。

(2)阻尼对行星轮及系统输出角加速度的影响主要体现在振幅上,振荡周期性基本不变。达到稳定状态后,当阻尼比由 0.05 变为 0.15 时,行星轮及系统输出角加速度振动幅值减小,且阻尼对行星轮角加速度的振动影响较为明显。合理增大阻尼能在一定程度上抑制振动的加剧。

(3)通过分析负载对 RV 减速器输出加速度的影响,结果表明随负载增大,角加速度振动幅值减小,其变化规律未发生明显变化,说明负载对振动具有一定的抑制作用,不会改变系统的振动性态。

参 考 文 献

[1] 唐进元,陈思雨,钟掘. 一种改进的齿轮非线性动力学模型. 工程力学,2008,25(1):217-223.

[2] 张策. 机械动力学. 北京:高等教育出版社,2008.

第9章　基于数值方程 RV 减速器非线性动力学建模

9.1　引　　言

动力学模型的建立是齿轮系统动力学研究的基础，模型的合理性关系到研究结果的准确性。20 世纪 50 年代，W. Tuplin 首先提出了齿轮动力学模型的概念[1]。国内外学者在齿轮动力学建模方面进行了大量研究[2-8]，提出了多种建立齿轮系统动力学模型的方法，如利用 Hertz 公式建模、运用石川公式建模、运用牛顿第二定律建模、散体单元法建模、有限元法建模以及集中质量法建模等。齿轮动力学模型由最初的状态发展到现在共经历了五种形态，即线性时不变模型、线性时变模型、非线性时变模型、线性随机模型和非线性随机模型。数学模型的建立推动了对齿轮动力学的研究，使对其研究由线性发展到了非线性。

RV 减速器传动存在啮合刚度、齿侧间隙和误差等非线性因素的影响，在这些因素的影响下，系统表现出强非线性的性质。基于此 RV 减速器非线性动力学模型具有多自由度和强非线性的特点，本章采用集中质量法，考虑时变啮合刚度、误差和齿侧间隙等因素建立 RV 减速器的非线性动力学模型。

9.2　RV 减速器非线性动力学模型

RV 减速器中含有许多模型影响因素，模型中考虑的影响因素越多，需要建立的广义坐标（即振动系统的自由度）的个数越多，所建立的动力学分析模型越复杂，求解越困难，因此，要忽略次要因素，抽象出其主要的力学本质，建立一个以若干广义坐标来描述的动力学分析模型，所以模型是在一定的假设条件下建立的。

9.2.1　系统建模的假设条件

建立系统模型的假设条件如下：

（1）不计齿轮啮合时摩擦力的影响；

（2）忽略原动机和负载的惯性、输入和输出轴扭矩的波动；

（3）啮合副、回转副及支承处的弹性变形用等效弹簧刚度表示，即齿轮的刚度；

（4）建模时采用集中质量模型，两片摆线轮具有相同的物理参数和几何参数且相位差180°。

9.2.2　非线性动力学模型

根据 RV 针摆传动系统的传动原理，在假设条件的基础上，建立 RV 减速器非线性动力学模型，如图 9.1 所示。模型采用集中质量法，系统中的六个构件都具有各自的回转自由度，可以分别视作一个集中的质量。其中渐开线行星轮与曲柄轴作为一个整体，在自传的同时还绕其轴线做公转，可视其为具有回转自由度和平动自由度的集中质量。摆线轮的运动与行星轮相似，也是在自传的同时绕其轴线做公转运动，因此摆线轮可视为具有回转自由度和平动自由度的集中质量，所以系统共有 8 个自由度。系统两级传动中太阳轮与行星轮啮合处、摆线轮与针轮啮合处考虑时变啮合刚度、阻尼和间隙的影响，其他接触处考虑时变啮合刚度和误差的影响。

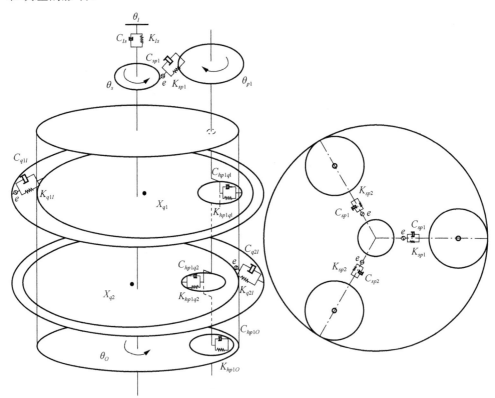

图 9.1　RV 减速器非线性动力学模型

9.2.3　系统的运动微分方程

1. 引入参量符号说明

符号含义：θ_I 为输入构件的回转角，θ_s 为中心太阳轮的回转角，$\theta_{pi}\,(i=1,2,3)$

为行星轮的回转角，$\theta_{hi}\,(i=1,2,3)$ 为曲柄轴自转的回转角，$\theta_{qi}\,(i=1,2,3)$ 为摆线轮的回转角，θ_O 为输出行星架的回转角。

2.　等价位移

x_I 为输入轴啮合处的切向微位移：

$$x_I = r_{bs} \cdot \theta_I$$

式中，r_{bs} 为太阳轮的基圆半径。

x_s 为太阳轮在其啮合作用线上的微位移：

$$x_s = r_{bs} \cdot \theta_s$$

x_{pi} 为行星轮在其啮合作用线的微位移：

$$x_{pi} = r_{bpi} \cdot \theta_{pi}$$

式中，$r_{bpi}\,(i=1,2,3)$ 为行星轮的基圆半径。

x_{hi} 为曲柄轴在其啮合作用线的微位移：

$$x_{hi} = e \cdot \theta_{hi}$$

式中，e 为曲柄轴偏心距。

x_{qi} 为摆线轮的切向微位移：

$$x_{qi} = r_{ph} \cdot \theta_{qi}$$

r_{ph} 为行星轮与曲柄轴的公转运动半径：

$$r_{ph} = r_s + r_p$$

x_O 为行星架的切向微位移：

$$x_O = r_{ph} \cdot \theta_O$$

方向可规定：以太阳轮作为输入，把在其转矩作用下各个构件产生的运动方向规定为各构件角位移的正方向，啮合线上的等价位移方向的规定与角位移相同，也是把太阳轮输入转矩作用下的运动方向作为正方向。在不同构件间的啮合作用线上的相对位移的方向由接触面的受力来规定，当接触面所受力为压力时规定该相对位移的方向为正向。

3.　齿轮间的啮合力

（1）太阳轮与第 $i(i=1,2,3)$ 个行星轮啮合处的弹性啮合力为

$$W_{spi} = k_{spi} \cdot f(X_{spi} + x_{spi} - e_{spi}, b_{spi})$$

式中，k_{spi} 为太阳轮与第 $i(i=1,2,3)$ 个行星轮啮合处的啮合刚度；X_{spi} 为太阳轮与第 $i(i=1,2,3)$ 个行星轮间的相对位移；x_{spi} 为太阳轮与第 $i(i=1,2,3)$ 个行星轮啮合线上的微位移；b_{spi} 为太阳轮与第 $i(i=1,2,3)$ 个行星轮啮合处的齿侧间隙；e_{spi} 为太阳轮与

第 $i(i = 1,2,3)$ 个行星轮啮合处的啮合综合误差。

（2）第 $j(j = 1,2)$ 个摆线轮与针齿轮啮合处的弹性啮合力为

$$W_{qjl} = k_{qjl} \cdot f(X_{qjl} - e_{qjl}, b_{qjl})$$

式中，k_{qjl} 为第 $j(j = 1,2)$ 个摆线轮与针齿轮啮合处的啮合刚度；X_{qjl} 为摆线轮与针齿轮间的相对位移；e_{qjl} 为摆线轮与第 $j(j = 1,2)$ 个摆线轮与针齿轮啮合处的啮合综合误差；b_{qjl} 为第 $j(j = 1,2)$ 个摆线轮与针齿轮啮合处的齿侧间隙。

（3）第 $j(j = 1,2)$ 个摆线轮与针齿轮啮合处的阻尼啮合力为

$$F_{qjl} = C_{qjl}(\dot{X}_{qjl} - \dot{e}_{qjl})$$

式中，C_{lqj} 为第 $j(j = 1,2)$ 个摆线轮与针齿轮啮合处的阻尼系数。

（4）太阳轮与第 $i(i = 1,2,3)$ 个行星轮啮合处的阻尼啮合力为

$$F_{spi} = C_{spi}(\dot{X}_{spi} + \dot{x}_{spi} - \dot{e}_{spi})$$

式中，C_{spi} 为太阳轮与第 $i(i = 1,2,3)$ 个行星轮啮合处的阻尼系数。

4. 间隙非线性函数

当齿侧间隙存在时，它使轮齿间的啮合力呈现非线性，f 是齿侧间隙存在时描述齿轮啮合力的函数。齿侧间隙存在的不确定性使 f 成为一个分段非线性函数，用 b_i 来表示不确定的齿侧间隙，则函数 f 可表示为

$$f_i = f(x_i) = \begin{cases} x_i - b_i, & x_i > b_i \\ 0, & -b_i \leqslant x_i \leqslant b_i \\ x_i + b_i, & x_i < -b_i \end{cases} \qquad (9.1)$$

式中，$b_i = b_{spi}$（$i = 1,2,3$）；$b_{i+3} = 0$（$i = 1,2,3,4,5,6$）；$b_{i+9} = b_{qil}$（$i = 1,2$）。

5. 系统的运动微分方程

根据拉格朗日方程的动能和势能可推导系统的运动微分方程[9]。

拉格朗日方程的一般形式可表示为

$$\frac{\mathrm{d}}{\mathrm{d}t}\left(\frac{\partial T}{\partial \dot{q}_i}\right) - \frac{\partial T}{\partial q_i} + \frac{\partial V}{\partial q_i} = Q_i, \quad i = 1, 2, \cdots, N \qquad (9.2)$$

式中，q_i 为系统中各个质点对应的广义坐标；Q_i 为沿广义坐标 q_i 方向作用的广义主动力；T 为广义坐标形式的系统动能；V 为系统的势能。

根据动力学模型图 9.1 求得系统的动能和势能分别为

$$T = \frac{1}{2}\left(\sum_{i=1}^{2} M_{qi}\dot{x}_{qi}^2 + M_s\dot{x}_s^2 + \sum_{i=1}^{3} M_{pi}\dot{x}_{pi}^2\right) \qquad (9.3)$$

$$V = \frac{1}{2}\sum_{i=1}^{3}\left(k_{hpiq1}(x_{hpi} - x_{q1})^2 + k_{hpiq2}(x_{hpi} - x_{q2})^2\right) + \frac{1}{2}k_{Is}\left(x_I - x_s\right)^2 + \frac{1}{2}\sum_{i=1}^{3}k_{Ohpi}\left(x_O - x_{hpi}\right)^2$$

$$(9.4)$$

将式（9.3）、式（9.4）代入式（9.2），推导出系统的运动微分方程为

$$\begin{cases} M_I\ddot{x}_I + c_{Is}\dot{X}_{Is} + k_{Is}X_{Is} = F_I \\ M_s\ddot{x}_s - c_{Is}\dot{X}_{Is} - k_{Is}X_{Is} + \sum_{i=1}^{3}F_{spi} + \sum_{i=1}^{3}W_{spi} = 0 \\ M_{hpi}\ddot{x}_{hpi} - F_{spi} - W_{spi} + \sum_{j=1}^{2}c_{hpiqj}\dot{X}_{hpiqj} + \sum_{j=1}^{2}k_{hpiqj}X_{hpiqj} + c_{Ohpi}\dot{X}_{Ohpi} + k_{Ohpi}X_{Ohpi} = 0 \\ M_{qj}\ddot{x}_{qj} - \sum_{i=1}^{3}c_{hpiqj}\dot{X}_{hpiqj} - \sum_{i=1}^{3}k_{hpiqj}X_{hpiqj} + F_{qj1} + W_{qj1} = 0 \\ M_O\ddot{x}_O - \sum_{i=1}^{3}c_{Ohpi}\dot{X}_{Ohpi} - \sum_{i=1}^{3}k_{Ohpi}X_{Ohpi} = -F_O \\ i = 1,2,3; j = 1,2 \end{cases}$$

$$(9.5)$$

式中，F_I 为输入端的等价啮合力；F_O 为输出端的等价啮合力；c_{hpiqj} 为曲柄与摆线轮啮合处的阻尼系数；k_{hpiqj} 为曲柄与摆线轮啮合处的啮合刚度；M_I 为输入端的当量质量；M_s 太阳轮的当量质量；M_{hpi} 为行星轮的当量质量；M_{qj} 为摆线轮的当量质量；M_O 为输出端的当量质量。

输入结构、太阳轮、行星轮、摆线轮与输出端的当量质量分别为

$$M_I = \frac{I_I}{r_{bs}^2}, M_s = \frac{I_s}{r_{bs}^2}, M_{hpi} = \frac{I_{hp}}{(r_s + r_p)^2\cos^2\alpha} + 3\frac{M_{hp}}{\cos^2\alpha}$$

$$M_q = \frac{I_q}{r_{bq}^2}, M_O = \frac{I_O}{(r_s + r_{hp})^2}$$

式中，α 为渐开线齿轮的压力角；I_I 为输入端的转动惯量；I_s 为中心太阳轮的转动惯量；I_{hp} 为行星轮与曲柄轴固联件的转动惯量；I_q 为摆线轮的转动惯量；I_O 为输出端的转动惯量。

9.3　方程坐标变换

方程（9.5）是一个半正定、变参数、非线性二阶微分方程组，方程有不确定解。由于方程（9.5）中的线性与非线性恢复力是同时存在的，无法把方程直接写成矩阵形式。这需要对方程进行适当的坐标变化来解决这一问题，引入相邻质量块之间的相对位移为

$$\begin{cases} X_{Is} = x_I - x_s \\ X_{spi} = x_s - x_{hpi} - e_{spi} \\ X_{hpiqj} = x_{hpi} - x_{qj} \\ X_{qj1} = x_{qj} - e_{qj1} \\ X_{hpiO} = x_{hpi} - x_O \\ i = 1,2,3 \end{cases} \tag{9.6}$$

式中，e_{spi} 为太阳轮行星轮啮合的综合误差；e_{qj1} 为摆线轮与针齿轮啮合的综合误差。

通过系统中质量块间的相对位移对方程（9.6）进行坐标变换，得到由 15 个坐标组成的统一的二阶微分方程组为

$$\begin{cases} M_{Is}\ddot{X}_{Is} + C_{Is}\dot{X}_{Is} + k_{Is}X_{Is} - \dfrac{M_{Is}}{M_s}\sum_{i=1}^{3}C_{spi}\dot{X}_{spi} - \dfrac{M_{Is}}{M_s}k_{spi}\cdot f(X_{spi},b_{spi}) = \dfrac{M_{Is}}{M_s}F_I \\[4mm] M_{spi}\ddot{X}_{spi} - \dfrac{M_{spi}}{M_s}C_{Is}\dot{X}_{Is} - \dfrac{M_{spi}}{M_s}k_{Is}X_{Is} + \dfrac{M_{spi}}{M_s}\sum_{i=1}^{3}C_{spi}\dot{X}_{spi} + \dfrac{M_{spi}}{M_s}\sum_{i=1}^{3}k_{spi}\cdot f(X_{spi},b_{spi}) \\[4mm] \quad + \dfrac{M_{spi}}{M_{hpi}}C_{spi}\dot{X}_{spi} + \dfrac{M_{spi}}{M_{hpi}}k_{spi}\cdot f(X_{spi},b_{spi}) - \dfrac{M_{spi}}{M_{hpi}}\sum_{j=1}^{2}C_{hpiqj}\dot{X}_{hpiqj} - \dfrac{M_{spi}}{M_{hpi}}\sum_{j=1}^{2}k_{hpiqj}X_{hpiqj} \\[4mm] \quad - \dfrac{M_{spi}}{M_{hpi}}C_{hpiO}\dot{X}_{hpiO} - \dfrac{M_{spi}}{M_{pi}}k_{hpiO}X_{hpiO} = -M_{spi}\ddot{e}_{spi} \\[4mm] M_{hpiqj}\ddot{X}_{hpiqj} - \dfrac{M_{hpiqj}}{M_{hpi}}C_{spi}\dot{X}_{spi} - \dfrac{M_{hpiqj}}{M_{hpi}}k_{spi}\cdot f(X_{spi},b_{spi}) + \dfrac{M_{spi}}{M_{hpi}}\sum_{j=1}^{2}C_{hpiqj}\dot{X}_{hpiqj} \\[4mm] \quad + \dfrac{M_{spi}}{M_{hpi}}\sum_{j=1}^{2}k_{hpiqj}X_{hpiqj} + \dfrac{M_{hpiqj}}{M_{hpi}}C_{piO}\dot{X}_{piO} + \dfrac{M_{hpiqj}}{M_{hpi}}k_{piO}X_{piO} + \dfrac{M_{hpiqi}}{M_{qj}}\sum_{i=1}^{3}C_{hpiqj}\dot{X}_{hpiqj} \\[4mm] \quad + \dfrac{M_{hpiqj}}{M_{qj}}\sum_{i=1}^{3}k_{hpiqj}X_{hpiqj} - \dfrac{M_{hpiqj}}{M_{qj}}C_{qj1}\dot{X}_{qj1} - \dfrac{M_{hpiqj}}{M_{qj}}k_{qj1}\cdot f(X_{qj1},b_{qj1}) = 0 \\[4mm] M_{qj1}\ddot{X}_{qj1} - \sum_{i=1}^{3}C_{hpiqj}\dot{X}_{hpiqj} - \sum_{i=1}^{3}k_{hpiqj}X_{hpiqj} + C_{qj1}\dot{X}_{qj1} + k_{qj1}\cdot f(X_{qj1},b_{qj1}) = -M_{qj1}\ddot{e}_{qj1} \\[4mm] M_{hpiO}\ddot{X}_{hpiO} - \dfrac{M_{hpiO}}{M_{hpi}}C_{spi}\dot{X}_{spi} - \dfrac{M_{hpiO}}{M_{hpi}}k_{spi}\cdot f(X_{spi},b_{spi}) + \dfrac{M_{hpiO}}{M_{hpi}}\sum_{j=1}^{2}C_{hpiqj}\dot{X}_{hpiqj} \\[4mm] \quad + \dfrac{M_{hpiO}}{M_{hpi}}\sum_{j=1}^{2}k_{hpiqj}X_{hpiqj} + C_{hpiO}\dot{X}_{hpiO} + k_{hpiO}X_{hpiO} = \dfrac{M_{hpiO}}{M_O}F_O \\[4mm] i = 1,2,3; j = 1,2 \end{cases} \tag{9.7}$$

式中，

$$M_{Is} = \frac{M_I M_s}{M_I + M_s}; \quad M_{spi} = \frac{M_s M_{hpi}}{M_s + M_{hpi}}; \quad M_{hpiqj} = \frac{M_{hpi} M_{qj}}{M_{hpi} + M_{qj}}$$

$$M_{hpiO} = \frac{M_{hpi} M_O}{M_{hpi} + M_O} \ ; \quad M_{qj1} = M_{qj}$$

经过坐标变换后得到的方程（9.7）是一个具有 15 个自由度的非线性二阶微分方程组。经过转化后方程中所有存在间隙的非线性函数都变为了一元函数，此时式（9.7）可以写成矩阵形式，转化后便于求解。

引入列向量 q：

$$q = [X_{Is}, X_{sp1}, X_{sp2}, X_{sp3}, X_{hp1q1}, X_{hp2q1}, X_{hp3q1}, X_{hp1q2}, X_{hp2q2}, X_{hp3q2},$$
$$X_{q1l}, X_{q2l}, X_{p1O}, X_{p2O}, X_{p3O}]^T$$

则式（9.7）可以写成矩阵形式的二阶微分方程：

$$M\ddot{q} + C\dot{q} + Kf(q) = F \tag{9.8}$$

式中，M 为系统的质量矩阵；C 为系统的阻尼矩阵，为 15 阶的对称方阵；K 为系统的刚度矩阵，为 15 阶的对称方阵；F 为载荷列向量；$f(q)$ 为非线性位移列向量。

（1）质量矩阵 M 为

$$M = \mathrm{diag}[M_{Is}, M_{sp1}, M_{sp2}, M_{sp3}, M_{hp1q1}, M_{hp2q1}, M_{hp3q1}, M_{hp1q2}, M_{hp2q2}, M_{hp3q2},$$
$$M_{q1l}, M_{q2l}, M_{hp1O}, M_{hp2O}, M_{hp3O}]$$

（2）刚度矩阵 K 为

$$K = \begin{bmatrix}
k_{1,1} & k_{1,2} & k_{1,3} & k_{1,4} & 0 & 0 & 0 & 0 & 0 & 0 & 0 & 0 & 0 & 0 & 0 \\
k_{2,1} & k_{2,2} & k_{2,3} & k_{2,4} & k_{2,5} & 0 & 0 & k_{2,8} & 0 & 0 & 0 & 0 & k_{2,13} & 0 & 0 \\
k_{3,1} & k_{3,2} & k_{3,3} & k_{3,4} & 0 & k_{3,6} & 0 & 0 & k_{3,9} & 0 & 0 & 0 & 0 & k_{3,14} & 0 \\
k_{4,1} & k_{4,2} & k_{4,3} & k_{4,4} & 0 & 0 & k_{4,7} & 0 & 0 & k_{4,10} & 0 & 0 & 0 & 0 & k_{4,15} \\
0 & k_{5,2} & 0 & 0 & k_{5,5} & k_{5,6} & k_{5,7} & k_{5,8} & 0 & 0 & k_{5,11} & 0 & k_{5,13} & 0 & 0 \\
0 & 0 & k_{6,3} & 0 & k_{6,5} & k_{6,6} & k_{6,7} & 0 & k_{6,9} & 0 & k_{6,11} & 0 & 0 & k_{6,14} & 0 \\
0 & 0 & 0 & k_{7,4} & k_{7,5} & k_{7,6} & k_{7,7} & 0 & 0 & k_{7,10} & k_{7,11} & 0 & 0 & 0 & k_{7,15} \\
0 & k_{8,2} & 0 & 0 & k_{8,5} & 0 & 0 & k_{8,8} & k_{8,9} & k_{8,10} & 0 & k_{8,12} & k_{8,13} & 0 & 0 \\
0 & 0 & k_{9,3} & 0 & 0 & k_{9,6} & 0 & k_{9,8} & k_{9,9} & k_{9,10} & 0 & k_{9,12} & 0 & k_{9,14} & 0 \\
0 & 0 & 0 & k_{10,4} & 0 & 0 & k_{10,7} & k_{10,8} & k_{10,9} & k_{10,10} & 0 & k_{10,12} & 0 & 0 & k_{10,15} \\
0 & 0 & 0 & 0 & k_{11,5} & k_{11,6} & k_{11,7} & 0 & 0 & 0 & k_{11,11} & 0 & 0 & 0 & 0 \\
0 & 0 & 0 & 0 & 0 & 0 & 0 & k_{12,8} & k_{12,9} & k_{12,10} & 0 & k_{12,12} & 0 & 0 & 0 \\
0 & k_{13,2} & 0 & 0 & k_{13,5} & 0 & 0 & k_{13,8} & 0 & 0 & 0 & 0 & k_{13,13} & 0 & 0 \\
0 & 0 & k_{14,3} & 0 & 0 & k_{14,6} & 0 & 0 & k_{14,9} & 0 & 0 & 0 & 0 & k_{14,14} & 0 \\
0 & 0 & 0 & k_{15,4} & 0 & 0 & k_{15,7} & 0 & 0 & k_{15,10} & 0 & 0 & 0 & 0 & k_{15,15}
\end{bmatrix}$$

刚度矩阵中的每个元素分别为

$$k_{1,1} = k_{Is} \ ; \quad k_{1,2} = \frac{M_{Is}}{M_s} k_{sp1} \ ; \quad k_{1,3} = \frac{M_{Is}}{M_s} k_{sp2} \ ; \quad k_{1,4} = -\frac{M_{Is}}{M_s} k_{sp3}$$

$$k_{2,1} = -\frac{M_{sp1}}{M_s}k_{Is} ; \quad k_{2,2} = k_{sp1} ; \quad k_{2,3} = \frac{M_{sp1}}{M_s}k_{sp2} ; \quad k_{2,4} = \frac{M_{sp1}}{M_s}k_{sp3}$$

$$k_{2,5} = -\frac{M_{sp1}}{M_{hp1}}k_{hp1q1} ; \quad k_{2,8} = -\frac{M_{sp1}}{M_{hp1}}k_{hp1q2} ; \quad k_{2,13} = -\frac{M_{sp1}}{M_{hp1}}k_{Ohp1}$$

$$k_{3,1} = -\frac{M_{sp2}}{M_s}k_{Is} ; \quad k_{3,2} = \frac{M_{sp2}}{M_s}k_{sp1} ; \quad k_{3,3} = k_{sp2} ; \quad k_{3,4} = \frac{M_{sp2}}{M_s}k_{sp3}$$

$$k_{3,6} = \frac{M_{sp2}}{M_{hp2}}k_{hp2q1} ; \quad k_{3,9} = -\frac{M_{sp2}}{M_{hp2}}k_{hp2q2} ; \quad k_{3,14} = -\frac{M_{sp2}}{M_{hp2}}k_{hp2O}$$

$$k_{4,1} = -\frac{M_{sp3}}{M_s}k_{Is} ; \quad k_{4,2} = \frac{M_{sp3}}{M_s}k_{sp1} ; \quad k_{4,3} = \frac{M_{sp3}}{M_s}k_{sp2} ; \quad k_{4,4} = k_{sp3}$$

$$k_{4,7} = -\frac{M_{sp3}}{M_{hp3}}k_{hp3q1} ; \quad k_{4,10} = -\frac{M_{sp3}}{M_{hp3}}k_{hp3q2} ; \quad k_{4,15} = -\frac{M_{sp3}}{M_{hp3}}k_{hp3O}$$

$$k_{5,2} = -\frac{M_{hp1q1}}{M_{hp1}}k_{sp1} ; \quad k_{5,5} = k_{hp1q1} ; \quad k_{5,6} = \frac{M_{hp1q1}}{M_{hq1}}k_{hp2q1} ; \quad k_{5,7} = \frac{M_{hp1q1}}{M_{hq1}}k_{hp3q1}$$

$$k_{5,8} = \frac{M_{hp1q1}}{M_{hp1}}k_{hp1q2} ; \quad k_{5,11} = -\frac{M_{hp1q1}}{M_{q1}}k_{q1l} ; \quad k_{5,13} = \frac{M_{hp1q1}}{M_{p1}}k_{hp1O}$$

$$k_{6,3} = -\frac{M_{hp2q1}}{M_{hp2}}k_{sp2} ; \quad k_{6,5} = \frac{M_{hp2q1}}{M_{hp2}}k_{hp1q1} ; \quad k_{6,6} = k_{hp2q1} ; \quad k_{6,7} = \frac{M_{hp2q1}}{M_{hp2}}k_{hp3q1}$$

$$k_{6,9} = \frac{M_{hp2q1}}{M_{hp2}}k_{hp2q2} ; \quad k_{6,11} = -\frac{M_{hp2q1}}{M_{hq1}}k_{q1l} ; \quad k_{6,14} = \frac{M_{hp2q1}}{M_{hp2}}k_{hp2O} ; \quad k_{7,4} = -\frac{M_{hp3q1}}{M_{hp3}}k_{sp3}$$

$$k_{7,5} = \frac{M_{hp3q1}}{M_{q1}}k_{hp1q1} ; \quad k_{7,6} = \frac{M_{hp3q1}}{M_{q1}}k_{hp2q1} ; \quad k_{7,7} = k_{hp3q1} ; \quad k_{7,10} = \frac{M_{hp3q1}}{M_{hp3}}k_{hp3q2}$$

$$k_{7,11} = -\frac{M_{hp3q1}}{M_{hq1}}k_{q1l} ; \quad k_{7,15} = \frac{M_{hp3q1}}{M_{hp3}}k_{hp3O} ; \quad k_{8,2} = -\frac{M_{hp1q2}}{M_{hp1}}k_{sp1} ; \quad k_{8,5} = \frac{M_{hp1q2}}{M_{hp1}}k_{hp1q1}$$

$$k_{8,8} = k_{hp1q2} ; \quad k_{8,9} = \frac{M_{hp1q2}}{M_{hq2}}k_{hp2q2} ; \quad k_{8,10} = \frac{M_{hp1q2}}{M_{hq2}}k_{hp3q2} ; \quad k_{8,12} = -\frac{M_{hp1q2}}{M_{hq2}}k_{q2l}$$

$$k_{8,13} = \frac{M_{hp1q2}}{M_{hp1}}k_{hp1O} ; \quad k_{9,3} = -\frac{M_{hp2q2}}{M_{hp2}}k_{sp2} ; \quad k_{9,6} = \frac{M_{hp2q2}}{M_{hp2}}k_{hp2q1} ; \quad k_{9,8} = \frac{M_{hp2q2}}{M_{hp2}}k_{hp1q2}$$

$$k_{9,9} = k_{hp2q2} ; \quad k_{9,10} = \frac{M_{hp2q2}}{M_{hq2}}k_{hp3q2} ; \quad k_{9,12} = -\frac{M_{hp2q2}}{M_{hq2}}k_{q2l} ; \quad k_{9,14} = \frac{M_{hp2q2}}{M_{hp2}}k_{hp2O}$$

$$k_{10,4} = -\frac{M_{p3q2}}{M_{p3}}k_{sp3} ; \quad k_{10,7} = \frac{M_{p3q2}}{M_{p3}}k_{p3q1} ; \quad k_{10,8} = \frac{M_{p3q2}}{M_{q2}}k_{p1q2} ; \quad k_{10,9} = \frac{M_{p3q2}}{M_{q2}}k_{p2q2}$$

$$k_{10,10} = k_{hp3q2} ; \quad k_{10,12} = -\frac{M_{hp3q2}}{M_{hq2}} k_{q2l} ; \quad k_{10,15} = \frac{M_{hp3q2}}{M_{hp3}} k_{hp3O} ; \quad k_{11,5} = -k_{hp1q1}$$

$$k_{11,6} = -k_{hp2q1} ; \quad k_{11,7} = -k_{hp3q1} ; \quad k_{11,11} = k_{q1l} ; \quad k_{12,8} = -k_{hp1q2} ; \quad k_{12,9} = -k_{hp2q2}$$

$$k_{12,10} = -k_{hp3q2} ; \quad k_{12,12} = k_{q2l} ; \quad k_{13,2} = -\frac{M_{hp1O}}{M_{hp1}} k_{sp1} ; \quad k_{13,5} = \frac{M_{hp1O}}{M_{hp1}} k_{hp1q1}$$

$$k_{13,8} = \frac{M_{hp1O}}{M_{hp1}} k_{hp1q2} ; \quad k_{13,13} = k_{hp1O} ; \quad k_{14,3} = -\frac{M_{hp2O}}{M_{hp2}} k_{sp2} ; \quad k_{14,6} = \frac{M_{hp2O}}{M_{hp2}} k_{hp2q1}$$

$$k_{14,9} = \frac{M_{hp2O}}{M_{hp2}} k_{hp2q2} ; \quad k_{14,14} = k_{hp2O} ; \quad k_{15,4} = -\frac{M_{hp3O}}{M_{hp3}} k_{sp3} ; \quad k_{15,7} = \frac{M_{hp3O}}{M_{hp3}} k_{hp3q1}$$

$$k_{15,10} = \frac{M_{hp3O}}{M_{hp3}} k_{hp3q2} ; \quad k_{15,15} = k_{hp3O}$$

（3）阻尼矩阵 C 为

$$C = \begin{bmatrix} c_{1,1} & c_{1,2} & c_{1,3} & c_{1,4} & 0 & 0 & 0 & 0 & 0 & 0 & 0 & 0 & 0 & 0 & 0 \\ c_{2,1} & c_{2,2} & c_{2,3} & c_{2,4} & c_{2,5} & 0 & 0 & c_{2,8} & 0 & 0 & 0 & 0 & c_{2,13} & 0 & 0 \\ c_{3,1} & c_{3,2} & c_{3,3} & c_{3,4} & 0 & c_{3,6} & 0 & 0 & c_{3,9} & 0 & 0 & 0 & 0 & c_{3,14} & 0 \\ c_{4,1} & c_{4,2} & c_{4,3} & c_{4,4} & 0 & 0 & c_{4,7} & 0 & 0 & c_{4,10} & 0 & 0 & 0 & 0 & c_{4,15} \\ 0 & c_{5,2} & 0 & 0 & c_{5,5} & c_{5,6} & c_{5,7} & c_{5,8} & 0 & 0 & c_{5,11} & 0 & c_{5,13} & 0 & 0 \\ 0 & 0 & c_{6,3} & 0 & c_{6,5} & c_{6,6} & c_{6,7} & 0 & c_{6,9} & 0 & c_{6,11} & 0 & 0 & c_{6,14} & 0 \\ 0 & 0 & 0 & c_{7,4} & c_{7,5} & c_{7,6} & c_{7,7} & 0 & 0 & c_{7,10} & c_{7,11} & 0 & 0 & 0 & c_{7,15} \\ 0 & c_{8,2} & 0 & 0 & c_{8,5} & 0 & 0 & c_{8,8} & c_{8,9} & c_{8,10} & 0 & c_{8,12} & c_{8,13} & 0 & 0 \\ 0 & 0 & c_{9,3} & 0 & 0 & c_{9,6} & 0 & c_{9,8} & c_{9,9} & c_{9,10} & 0 & c_{9,12} & 0 & c_{9,14} & 0 \\ 0 & 0 & 0 & c_{10,4} & 0 & 0 & c_{10,7} & c_{10,8} & c_{10,9} & c_{10,10} & 0 & c_{10,12} & 0 & 0 & c_{10,15} \\ 0 & 0 & 0 & 0 & c_{11,5} & c_{11,6} & c_{11,7} & 0 & 0 & 0 & c_{11,11} & 0 & 0 & 0 & 0 \\ 0 & 0 & 0 & 0 & 0 & 0 & 0 & c_{12,8} & c_{12,9} & c_{12,10} & 0 & c_{12,12} & 0 & 0 & 0 \\ 0 & c_{13,2} & 0 & 0 & c_{13,5} & 0 & 0 & c_{13,8} & 0 & 0 & 0 & 0 & c_{13,13} & 0 & 0 \\ 0 & 0 & c_{14,3} & 0 & 0 & c_{14,6} & 0 & 0 & c_{14,9} & 0 & 0 & 0 & 0 & c_{14,14} & 0 \\ 0 & 0 & 0 & c_{15,4} & 0 & 0 & c_{15,7} & 0 & 0 & c_{15,10} & 0 & 0 & 0 & 0 & c_{15,15} \end{bmatrix}$$

阻尼矩阵中的每个元素分别为

$$c_{1,1} = C_{Is} ; \quad c_{1,2} = \frac{M_{Is}}{M_s} C_{sp1} ; \quad c_{1,3} = \frac{M_{Is}}{M_s} C_{sp2} ; \quad c_{1,4} = -\frac{M_{Is}}{M_s} C_{sp3} ; \quad c_{2,1} = -\frac{M_{sp1}}{M_s} C_{Is}$$

$$c_{2,2} = C_{sp1} ; \quad c_{2,3} = \frac{M_{sp1}}{M_s} C_{sp2} ; \quad c_{2,4} = \frac{M_{sp1}}{M_s} C_{sp3} ; \quad c_{2,5} = -\frac{M_{sp1}}{M_{hp1}} C_{hp1q1} ; \quad c_{2,8} = -\frac{M_{sp1}}{M_{hp1}} C_{hp1q2}$$

$$c_{2,13} = -\frac{M_{sp1}}{M_{p1}} C_{Ohp1} ; \quad c_{3,1} = -\frac{M_{sp2}}{M_s} C_{Is} ; \quad c_{3,2} = \frac{M_{sp2}}{M_s} C_{sp1} ; \quad c_{3,3} = C_{sp2} ; \quad c_{3,4} = \frac{M_{sp2}}{M_s} C_{sp3}$$

$$c_{3,6} = \frac{M_{sp2}}{M_{hp2}} C_{hp2q1} ; \quad c_{3,9} = -\frac{M_{sp2}}{M_{hp2}} C_{hp2q2} ; \quad c_{3,14} = -\frac{M_{sp2}}{M_{hp2}} C_{hp2O} ; \quad c_{4,1} = -\frac{M_{sp3}}{M_s} C_{Is}$$

$$c_{4,2} = \frac{M_{sp3}}{M_s} C_{sp1} ; \quad c_{4,3} = \frac{M_{sp3}}{M_s} C_{sp2} ; \quad c_{4,4} = C_{sp3} ; \quad c_{4,7} = -\frac{M_{sp3}}{M_{hp3}} C_{hp3q1}$$

$$c_{4,10} = -\frac{M_{sp3}}{M_{hp3}} C_{hp3q2} ; \quad c_{4,15} = -\frac{M_{sp3}}{M_{hp3}} C_{hp3O} ; \quad c_{5,2} = -\frac{M_{p1q1}}{M_{p1}} C_{sp1} ; \quad c_{5,5} = C_{hp1q1}$$

$$c_{5,6} = \frac{M_{hp1q1}}{M_{q1}} C_{hp2q1} ; \quad c_{5,7} = \frac{M_{hp1q1}}{M_{q1}} C_{hp3q1} ; \quad c_{5,8} = \frac{M_{hp1q1}}{M_{hp1}} C_{hp1q2} ; \quad c_{5,11} = -\frac{M_{hp1q1}}{M_{hq1}} C_{q1l}$$

$$c_{5,13} = \frac{M_{hp1q1}}{M_{hq1}} C_{hp1O} ; \quad c_{6,3} = -\frac{M_{hp2q1}}{M_{hp2}} C_{sp2} ; \quad c_{6,5} = \frac{M_{hp2q1}}{M_{hp2}} C_{h1q1} ; \quad c_{6,6} = C_{hp2q1}$$

$$c_{6,7} = \frac{M_{hp2q1}}{M_{hp2}} C_{hp3q1} ; \quad c_{6,9} = \frac{M_{hp2q1}}{M_{hp2}} C_{hp2q2} ; \quad c_{6,11} = -\frac{M_{hp2q1}}{M_{hq1}} C_{q1l} ; \quad c_{6,14} = \frac{M_{hp2q1}}{M_{hq2}} C_{hp2O}$$

$$c_{7,4} = -\frac{M_{hp3q1}}{M_{hp3}} C_{sp3} ; \quad c_{7,5} = \frac{M_{hp3q1}}{M_{q1}} C_{hp1q1} ; \quad c_{7,6} = \frac{M_{hp3q1}}{M_{q1}} C_{hp2q1} ; \quad c_{7,7} = C_{hp3q1}$$

$$c_{7,10} = \frac{M_{hp3q1}}{M_{hp3}} C_{hp3q2} ; \quad c_{7,11} = -\frac{M_{hp3q1}}{M_{hq1}} C_{q1l} ; \quad c_{7,15} = \frac{M_{hp3q1}}{M_{hp3}} C_{hp3O} ; \quad c_{8,2} = -\frac{M_{hp1q2}}{M_{hp1}} C_{sp1}$$

$$c_{8,5} = \frac{M_{hp1q2}}{M_{hp1}} C_{hp1q1} ; \quad c_{8,8} = C_{hp1q2} ; \quad c_{8,9} = \frac{M_{hp1q2}}{M_{hp2}} C_{hp2q2} ; \quad c_{8,10} = \frac{M_{hp1q2}}{M_{hq2}} C_{hp3q2}$$

$$c_{8,12} = -\frac{M_{hp1q2}}{M_{hq2}} C_{q2l} ; \quad c_{8,13} = \frac{M_{hp1q2}}{M_{hp1}} C_{hp1O} ; \quad c_{9,3} = -\frac{M_{hp2q2}}{M_{hp2}} C_{sp2} ; \quad c_{9,6} = \frac{M_{hp2q2}}{M_{hp2}} C_{hp2q1}$$

$$c_{9,8} = \frac{M_{hp2q2}}{M_{hp2}} C_{hp1q2} ; \quad c_{9,9} = C_{hp2q2} ; \quad c_{9,10} = \frac{M_{hp2q2}}{M_{hp2}} C_{hp3q2} ; \quad c_{9,12} = -\frac{M_{hp2q2}}{M_{hp2}} C_{q2l}$$

$$c_{9,14} = \frac{M_{hp2q2}}{M_{hp2}} C_{hp2O} ; \quad c_{10,4} = -\frac{M_{p3q2}}{M_{p3}} C_{sp3} ; \quad c_{10,7} = \frac{M_{p3q2}}{M_{p3}} C_{p3q1} ; \quad c_{10,8} = \frac{M_{p3q2}}{M_{q2}} C_{p1q2}$$

$$c_{10,9} = \frac{M_{p3q2}}{M_{q2}} C_{p2q2} ; \quad c_{10,10} = C_{hp3q2} ; \quad c_{10,12} = -\frac{M_{hp3q2}}{M_{hq2}} C_{q2l} ; \quad c_{10,15} = \frac{M_{hp3q2}}{M_{hp3}} C_{hp3O}$$

$$c_{11,5} = -C_{hp1q1} ; \quad c_{11,6} = -C_{hp2q1} ; \quad c_{11,7} = -C_{hp3q1} ; \quad c_{11,11} = C_{q1l}$$

$$c_{12,8} = -C_{hp1q2} ; \quad c_{12,9} = -C_{hp2q2} ; \quad c_{12,10} = -C_{hp3q2} ; \quad c_{12,12} = C_{q2l}$$

$$c_{13,2} = -\frac{M_{hp1O}}{M_{hp1}} C_{sp1} ; \quad c_{13,5} = \frac{M_{hp1O}}{M_{hp1}} C_{hp1q1} ; \quad c_{13,8} = \frac{M_{hp1O}}{M_{hp1}} C_{hp1q2} ; \quad c_{13,13} = C_{hp1O}$$

$$c_{14,3} = -\frac{M_{hp2O}}{M_{hp2}} C_{sp2} ; \quad c_{14,6} = \frac{M_{hp2O}}{M_{hp2}} C_{hp2q1} ; \quad c_{14,9} = \frac{M_{hp2O}}{M_{hp2}} C_{hp2q2} ; \quad c_{14,14} = C_{hp2O}$$

$$c_{15,4} = -\frac{M_{hp3O}}{M_{hp3}}C_{sp3} ;\quad c_{15,7} = \frac{M_{hp3O}}{M_{hp3}}C_{hp3q1} ;\quad c_{15,10} = \frac{M_{hp3O}}{M_{hp3}}C_{hp3q2} ;\quad c_{15,15} = C_{hp3O}$$

9.4　方程无量纲化处理

经过无量纲化处理后的方程不依赖于具体的物理量纲，只具有形式上的运动特点，可以代表线性位移形式、角位移形式的运动方程，在求解分析时可以脱离具体参数的束缚。无量纲就是把所求系统中的某一个或者几个主要的特征量作为相应物理量的单位，以此来减小计算中的数量级[10]。微分方程（9.7）是一个多自由度、变参数的非线性运动微分方程，非线性微分方程一般采用数值方法求解，若同一方程中出现相差级别较大的量，往往在误差控制和步长选择方面带来很大困难，因此需要无量纲处理。

设

$$\omega_n = \sqrt{k_{sp1}/M_{sp1}}$$

式中，k_{sp1} 为太阳轮与第一个行星轮之间的平均啮合刚度。

时间自变量定义为 $\tau = t\Omega_n$，Ω 为系统的激励频率。引进位移标称尺度 b_c，对方程的其他物理量量纲的定义如下：

$$\bar{x} = x/b_c, \bar{M} = I, \bar{\omega} = \omega/\omega_n$$

式中，I 为单位矩阵。

令阻尼矩阵 C 中的元素为

$$\bar{c}_{ij} = c_{ij}/(M_i\omega_n)$$

令刚度矩阵 K 中的元素为

$$\bar{k}_{ij} = k_{ij}/(M_i\omega_n^2)$$

令载荷列向量为

$$\bar{F}_i(t) = F_i/(M_i b_c \omega_n^2),\quad i = 1,2,\cdots,n; j = 1,2,\cdots,n$$

$\dot{x}, \ddot{x}$ 分别表示 x 对 τ 的一阶导数和二阶导数，有

$$\dot{x} = \frac{\mathrm{d}x}{\mathrm{d}\tau} = \frac{\mathrm{d}x}{\mathrm{d}t}\frac{\mathrm{d}t}{\mathrm{d}\tau} = \frac{\mathrm{d}(b_c x)}{\mathrm{d}t}\frac{\mathrm{d}(\tau\omega_n)}{\mathrm{d}\tau} = b_c\omega_n\dot{\bar{x}}$$

$$\ddot{x} = \frac{\mathrm{d}\dot{x}}{\mathrm{d}\tau} = \frac{\mathrm{d}(b_c\omega_n\dot{x})}{\mathrm{d}t}\frac{\mathrm{d}t}{\mathrm{d}\tau} = b_c\omega_n^2\ddot{\bar{x}}$$

同理有

$$\bar{e}_{shi}(t) = e_{shi}\left(\frac{t}{\omega_n}\right)\Big/b_c ,\quad \ddot{e}_{shi}(t) = b_c\omega^2\ddot{\bar{e}}_{shi}(t)$$

$$\overline{e}_{qi1}(t) = e_{qi1}(\frac{t}{\omega_n}) \Big/ b_c , \quad \ddot{\overline{e}}_{qi1}(t) = b_c \omega^2 \ddot{\overline{e}}_{qi1}(t)$$

经过无量纲处理后，RV 减速器非线性动力学方程变成一个多间隙多自由度的非线性二阶微分方程组，如式（9.9）所示：

$$
\begin{cases}
\ddot{\overline{X}}_{Is} + \overline{C}_{Is}\dot{\overline{X}}_{Is} + \overline{k}_{Is}\overline{X}_{Is} - \dfrac{M_{Is}}{M_s}\sum_{i=1}^{3}\overline{C}_{spi}\dot{\overline{X}}_{spi} - \dfrac{M_{Is}}{M_s}\overline{k}_{spi}\cdot f(\overline{X}_{spi},\overline{b}_{spi}) = \dfrac{M_{Is}}{M_I}\overline{F}_I \\[3mm]
\ddot{\overline{X}}_{spi} - \dfrac{M_{spi}}{M_s}\overline{C}_{Is}\dot{\overline{X}}_{Is} - \dfrac{M_{spi}}{M_s}\overline{k}_{Is}\overline{X}_{Is} + \dfrac{M_{spi}}{M_s}\sum_{i=1}^{3}\overline{C}_{spi}\dot{\overline{X}}_{spi} + \dfrac{M_{spi}}{M_s}\sum_{i=1}^{3}\overline{k}_{spi}\cdot f(\overline{X}_{spi},\overline{b}_{spi}) \\[3mm]
+ \dfrac{M_{spi}}{M_{hpi}}\overline{C}_{spi}\dot{\overline{X}}_{spi} + \dfrac{M_{spi}}{M_{hpi}}\overline{k}_{spi}\cdot f(\overline{X}_{spi},\overline{b}_{spi}) - \dfrac{M_{spi}}{M_{hpi}}\sum_{j=1}^{2}\overline{C}_{hpiqj}\dot{\overline{X}}_{hpiqj} - \dfrac{M_{spi}}{M_{hpi}}\sum_{j=1}^{2}\overline{k}_{hpiqj}\overline{X}_{hpiqj} \\[3mm]
- \dfrac{M_{spi}}{M_{hpi}}\overline{C}_{hpiO}\dot{\overline{X}}_{hpiO} - \dfrac{M_{spi}}{M_{hpi}}\overline{k}_{hpiO}\overline{X}_{hpiO} = -M_{spi}\ddot{\overline{e}}_{spi} \\[3mm]
\ddot{\overline{X}}_{hpiqj} - \dfrac{M_{hpiqj}}{M_{hpi}}\overline{C}_{spi}\dot{\overline{X}}_{spi} - \dfrac{M_{hpiqj}}{M_{hpi}}\overline{k}_{spi}\cdot f(\overline{X}_{spi},\overline{b}_{spi}) + \dfrac{M_{spi}}{M_{hpi}}\sum_{j=1}^{2}\overline{C}_{hpiqj}\dot{\overline{X}}_{hpiqj} \\[3mm]
+ \dfrac{M_{spi}}{M_{hpi}}\sum_{j=1}^{2}\overline{k}_{hpiqj}\overline{X}_{hpiqj} + \dfrac{M_{hpiqj}}{M_{hpi}}\overline{C}_{piO}\dot{\overline{X}}_{piO} + \dfrac{M_{hpiqj}}{M_{hpi}}\overline{k}_{piO}\overline{X}_{piO} + \dfrac{M_{hpiqj}}{M_{qj}}\sum_{i=1}^{3}\overline{C}_{hpiqj}\dot{\overline{X}}_{hpiqj} \\[3mm]
+ \dfrac{M_{hpiqj}}{M_{qj}}\sum_{i=1}^{3}\overline{k}_{hpiqj}\overline{X}_{hpiqj} - \dfrac{M_{hpiqj}}{M_{qj}}\overline{C}_{qj1}\dot{\overline{X}}_{qj1} - \dfrac{M_{hpiqj}}{M_{qj}}\overline{k}_{qj1}\cdot f(\overline{X}_{qj1},\overline{b}_{qj1}) = 0 \\[3mm]
\ddot{\overline{X}}_{qj1} - \sum_{i=1}^{3}\overline{C}_{hpiqj}\dot{\overline{X}}_{hpiqj} - \sum_{i=1}^{3}\overline{k}_{hpiqj}\overline{X}_{hpiqj} + \overline{C}_{qj1}\dot{\overline{X}}_{qj1} + \overline{k}_{qj1}\cdot f(\overline{X}_{qj1},\overline{b}_{qj1}) = -M_{qjl}\ddot{\overline{e}}_{qjl} \\[3mm]
\ddot{\overline{X}}_{hpiO} - \dfrac{M_{hpiO}}{M_{hpi}}\overline{C}_{spi}\dot{\overline{X}}_{spi} - \dfrac{M_{hpiO}}{M_{hpi}}\overline{k}_{spi}\cdot f(\overline{X}_{spi},\overline{b}_{spi}) + \dfrac{M_{hpiO}}{M_{hpi}}\sum_{j=1}^{2}\overline{C}_{hpiqj}\dot{\overline{X}}_{hpiqj} \\[3mm]
+ \dfrac{M_{hpiO}}{M_{hpi}}\sum_{j=1}^{2}\overline{k}_{hpiqj}\overline{X}_{hpiqj} + \overline{C}_{hpiO}\dot{\overline{X}}_{hpiO} + \overline{k}_{hpiO}\overline{X}_{hpiO} = \dfrac{M_{hpiO}}{M_O}\overline{F}_O \\[3mm]
i = 1,2,3 ; j = 1,2
\end{cases}
\tag{9.9}
$$

为便于方程求解可以省略方程（9.9）中的上划线，把方程写成矩阵形式：

$$M\ddot{q} + c\dot{q} + kf(q) = F \tag{9.10}$$

9.5 本章小结

（1）应用集中质量法建立了 RV 减速器的非线性动力学模型，根据动力学模型，采用拉格朗日方程推导出系统的运动微分方程。

（2）通过坐标转换把复杂的非线性运动微分方程转化为矩阵的形式，对方程进行了无量纲化处理以减少方程中的数量级，把无量纲处理后的方程转变为数学方程，便于后续求解。

参 考 文 献

[1] 李充宁, 孙涛, 刘继岩. 2K-H 型行星传动曲柄轴承受力分析与选型. 天津职业技术师范学院学报, 2000, 10(2):1-4.

[2] 卢剑伟, 曾凡灵, 杨汉生. 随机装配侧隙对齿轮系统动力学特性的影响分析. 机械工程学报, 2010, 46(21):82-85.

[3] Nevzat H, Houser D R. Dynamic analysis of high speed gears by using loaded static transmission error. Journal of Sound and Vibration, 1988, 125(1):71-83.

[4] 沈博. 基于齿轮非线性动力学的变速器异响分析. 合肥: 合肥工业大学, 2007.

[5] 卢剑伟, 刘孟军, 陈磊. 随机参数下齿轮非线性动力学行为. 中国机械工程, 2009, 20(3): 330-333.

[6] 王倩倩, 张义民, 张振先. 齿轮系统随机振动及其传动误差的可靠性及灵敏度分析. 东北大学学报, 2011, 32(12):1741-1744.

[7] 郜志英, 沈允文, 李素有. 间隙非线性齿轮系统周期解结构及其稳定性研究. 机械工程学报, 2004, 40(5):17-22.

[8] 王刚, 赵黎明, 王迈. RV 减速机动力学建模方法研究与分析. 中国机械工程, 2002, 13(19): 38-41.

[9] 季文美, 方同, 陈松淇. 机械振动. 北京: 科学出版社, 1985.

[10] 刘锋, 贾多杰, 李晓礼. 无量纲化的方法. 安顺学院学报, 2008, 10(3):78-80.

第 10 章　非线性动力学方程求解

10.1　引　　言

非线性动力学方程求解方法有精确解法和近似解法两种，具体解法可归纳为分析法、图解法、数值法和实验法四种方法。多数非线性动力学方程很难得到精确解，只有自由度数较少的非线性振动方程可以得到精确解。对于多自由度的弱非线性振动问题、强非线性振动问题只能求得其近似解。非线性动力学方程求解的方法有谐波平衡法、多尺度法、平均法、渐近法、等价线性化法、传统小参数法、迭代法等[1]。

本章采用多自由度解析谐波平衡法，由此解法得到的非线性代数平衡方程无法直接求出，还需应用牛顿迭代法中的 Broyden 法进行最后数值求解。求解的过程中应用 MATLAB 软件进行辅助计算。本章在齿轮系统的动力学模型中考虑时变啮合刚度的影响，啮合刚度随着时间的周期变化是产生动态激励导致啮合过程中产生振动的主要因素，齿轮系统刚度的时变性会在系统中产生内部激励，所以在系统运动方程求解前需要先求出系统各构件的啮合刚度。

10.2　啮合刚度的计算

本章以 RV-250A II 减速器为例对其每个组成部分进行刚度的计算与分析。减速器基本参数：摆线轮的有效宽度为 18mm，针齿齿数为 40，摆线轮齿数为 39，偏心距为 2.2mm，针齿中心圆直径为 229mm，针齿半径为 5mm，输出转矩为 2450N·m。

10.2.1　轴承刚度的计算

连接摆线轮与曲柄轴的轴承为转臂轴承，曲柄轴的支承轴承为圆锥滚子轴承。轴承刚度受诸多因素的影响，如外载荷的大小、滚子数量、滚子有效数量、滚子有效长度及预紧量。曲柄轴的支持轴承及转臂轴承刚度的计算公式[2]为

$$k = \frac{F}{\delta_1 + \delta_2 + \delta_3}$$

式中，F 为轴承径向载荷，N；δ_1 为轴承的径向弹性位移，mm；δ_2 为轴承外圈与箱体孔的接触变形，mm；δ_3 为轴承内圈与轴颈的接触变形，mm。

计算滚动轴承的径向弹性位移时分别考虑已预紧和存在游隙两种情况。

当轴承已预紧时，滚动轴承的径向弹性位移的计算公式为

$$\delta_1 = \beta \delta_0 \tag{10.1}$$

式中，β 为弹性位移系数，可以从文献[3]的表中查出；δ_0 为轴承中游隙为零时的径向弹性位移，可以由式（10.2）求得：

$$\delta_0 = 7.69 \times 10^{-5} \frac{Q^{0.9}}{d_\theta^{0.8}} \qquad (10.2)$$

其中，d_θ 为滚动体直径，mm；

$$Q = \frac{5F}{iz\cos\alpha'} \qquad (10.3)$$

其中，i 为滚动体列数；z 为每列中的滚动体数；α' 为轴承的接触角。

当轴承中存在游隙时，滚动轴承的径向弹性位移的计算公式为

$$\delta_1 = \beta\delta_0 - g / 2 \qquad (10.4)$$

式中，g 为轴承中的游隙或预紧量，mm。

当计算滚动轴承配合表面的接触变形 δ_2 和 δ_3 时也分为有过盈配合时和有间隙配合时两种情况。

当有过盈配合时，滚动轴承配合表面的接触变形 δ_2 和 δ_3 的计算公式为

$$\delta = \frac{0.204FH_2}{\pi b'd} \qquad (10.5)$$

式中，F 为轴承径向载荷，N；H_2 为系数；d 为轴承配合表面直径，cm；b' 为轴承套圈宽度，cm。

当有间隙配合时，滚动轴承配合表面间产生的弹性位移计算公式为

$$\delta = H_1\Delta$$

式中，系数 H_1 和直径上的配合间隙 Δ 均可以从文献[4]的表中查出。

计算出 RV-250A II 减速器转臂轴承及支承轴承的刚度分别为

$$k_1 = 4.842 \times 10^8 \, \text{N/m}, k_2 = 1.98 \times 10^8 \, \text{N/m}$$

10.2.2　渐开线齿轮刚度的计算

RV 减速器中太阳轮与行星轮为渐开线齿轮，如要计算它的啮合刚度，只要求出轮齿受力后的弹性变形即可。按照 ISO 啮合刚度计算法，首先要计算出单齿的刚度，然后根据单齿的刚度计算出其啮合刚度。齿轮单齿刚度和啮合刚度分别用 c' 和 c_r 表示。单齿刚度的近似计算公式为

$$c' = \frac{1}{q} \qquad (10.6)$$

式中，q 为单位齿宽柔度，mm·μm/N，

$$q = 0.04723 + \frac{0.15551}{z_{v1}} + \frac{0.25791}{z_{v2}} - 0.00635x_1 - 0.11654\frac{x_1}{z_{v1}} - 0.00193x_2$$

$$- 0.24188\frac{x_2}{z_2} + 0.00529x_1^2 + 0.00182x_2^2 \qquad (10.7)$$

其中，z_{v1} 和 z_{v2} 分别为小齿轮及大齿轮的当量齿数，对于直齿 $z_{v1} = z_1$，$z_{v2} = z_2$，x_1 和 x_2 分别为小齿轮及大齿轮的变位系数，可由文献[4]得 $x_1 = 0.28$，$x_2 = 0.17$。

求得 $q = 0.05461$，$c' = \dfrac{1}{q} = 18.313\mathrm{N/(mm \cdot \mu m)}$。

根据 ISO 啮合刚度计算法，考虑齿轮啮合时的重合度的影响，计算齿轮的啮合刚度为

$$c_r = c'(0.75\varepsilon_\alpha + 0.25) = 6.848 \times 10^8 \,\mathrm{N/(mm \cdot \mu m)}$$

式中，ε_α 为端面重合度，其计算公式为

$$\varepsilon_\alpha = \frac{1}{2\pi}\Big(z_1\big(\tan\alpha_{\alpha 1} - \tan\alpha\big) + z_2\big(\tan\alpha_{\alpha 2} - \tan\alpha\big)\Big)$$

$$= \frac{1}{2\pi}\Big(21(\tan 30.9° - \tan 20°) + 42\big(\tan 26.23° - \tan 20°\big)\Big) = 1.645$$

所以可得齿轮的啮合刚度为

$$c_r = 6.848 \times 10^8 \,\mathrm{N/(mm \cdot \mu m)}$$

10.2.3 摆线针轮啮合刚度的计算

摆线轮的单齿啮合刚度是与角度有关的函数，所以在求整体啮合刚度时不能简单地把单齿啮合刚度叠加起来。因此在求解摆线针轮啮合刚度时要先计算出单齿的啮合刚度，再把其转化为等效扭转刚度，最后把单齿的等效扭转刚度相叠加才能得到整个摆线针轮的等效扭转刚度[5,6]。

1. 单齿啮合刚度

单对摆线轮与针轮的啮合变形模型如图 10.1 所示。

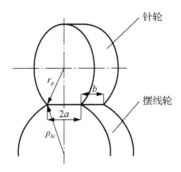

图 10.1 单对摆线轮与针轮啮合变形模型

摆线针轮单齿啮合刚度计算公式为

$$k_i = \frac{\pi b_1 E r_p S^{\frac{3}{2}}}{4\left(1-\mu^2\right)\left(r_p S^{\frac{3}{2}} + 2 r_{rp} T\right)} \tag{10.8}$$

式中，b_1 为单齿啮合弹性变形区的宽度，$b = 12\text{mm}$；E 为摆线轮与针轮齿材料的弹性模量，两者的材料均为 GCr15，$E = 2.06 \times 10^5 \text{MPa}$；$r_p$ 为针轮的半径，$r_p = 5\text{mm}$；r_{rp} 为针齿套外圆半径，mm；μ 为摆线轮与针轮的泊松比，$\mu = 0.3$；$S = 1 + K_1^2 - 2K_1\cos\varphi$，其中，$K_1$ 为短幅系数，$K_1 = a z_p / r_p$（a 为偏心距），φ 为啮合相位角；T 为摆线轮上的负载转矩，$T = K_1\left(1 + z_p\right)\cos\varphi - \left(1 + z_p K_1^2\right)$，其中，$z_p$ 为针轮齿数。

设当摆线轮齿与针轮齿啮合时有 $i = n \sim m$ 个齿与针轮上相应的齿接触进行传递，摆线轮上的负载转矩[7]为

$$T = \sum_{i=n}^{m} F_i l_i = F_{\max} \sum_{i=n}^{m} \left(\frac{l_i}{r_c} - \frac{\Delta\varphi_i}{\delta_{\max}}\right) l_i \tag{10.9}$$

式中，F_i 为第 i 个针齿啮合时的接触力；$F_{\max}$ 为在 $\varphi = \varphi_0 = \arccos K_1$ 处或附近的一对齿啮合时摆线轮齿所受的最大力；$\Delta\varphi_i$ 为第 i 对齿的初始间隙；r_c 为摆线轮的节圆半径；$\delta_{\max}$ 为受力最大的一对摆线轮齿与针齿的变形；l_i 为第 i 个针齿啮合点的公法线或待啮合点的法线至摆线轮中心 O_c 的距离，其计算公式为

$$l_i = r_c \sin\theta_i = r_c \frac{\sin\varphi_i}{\sqrt{1 + K_1^2 - 2K_1\cos\varphi_i}} \tag{10.10}$$

各对摆线针轮轮齿沿待啮合点法线方向第 i 对齿的初始间隙为

$$\Delta\varphi_i = \frac{\Delta r_p\left(1 - K_1\cos\varphi_i - \sqrt{1 - K_1^2}\sin\varphi_i\right)}{\sqrt{1 + K_1^2 - 2K_1\cos\varphi_i}} + \Delta r_{rp}\left(1 - \frac{\sin\varphi}{\sqrt{1 + K_1^2 - 2K_1\cos\varphi_i}}\right) \tag{10.11}$$

式中，Δr_p 为移距修形量，mm；Δr_{rp} 为等距修形量，mm。

2. 摆线针轮整体啮合刚度

摆线针轮啮合时的接触力如图 10.2 所示。

由于修形和轮齿变形，同一时刻进入啮合的摆线轮齿数往往不到一半，所以在计算刚度时同时进入啮合的 $n \sim m$ 个齿数小于总齿数的一半。设 k_i 为第 i 个针齿与摆线轮接触点的单齿啮合刚度，则叠加的整体等效扭转刚度 k_n 为

$$k_n = \sum_{i=n}^{m} k_i \cdot l_i^2 \tag{10.12}$$

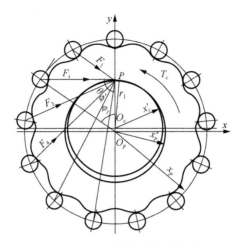

图 10.2　摆线针轮受力分析图

　　摆线轮整体的等效扭转刚度是一个时变量，但变化的幅值不大。可以采用两种方法对其进行计算：一种是取摆线轮运动一个周期内的平均值来近似地代替；另一种是用最小值近似法增大安全系数。本章采用第一种方法计算摆线轮整体的等效扭转刚度，并应用 MATLAB 软件编制摆线轮受力程序，摆线针轮的受力值如表 10.1 所示。

表 10.1　摆线针轮受力

受力齿	力/N	受力齿	力/N
1	0	7	1890
2	1350	8	1604
3	2050	9	1295
4	2296	10	666
5	2285	11	82
6	2129		

　　由表 10.1 可以看出，当摆线针轮的初相角为零时，它同时有 10 个齿啮合受力。计算得 RV-250A II 减速器摆线轮的等效扭转刚度为

$$k_n = 1.569 \times 10^8 \, \text{N} \cdot \text{m/rad}$$

10.3　多自由度解析谐波平衡法

RV 减速器非线性动力学模型考虑了时变啮合刚度、齿侧间隙及误差等因素

的影响。由于齿侧间隙具有强非线性，所以得到的非线性动力学方程也同样具有强非线性。可以用来解决强非线性动力学问题的方法有增量谐波平衡法、广义平均法、能量法、频闪法、时间变换法、利用 FFT 的伽辽金法等，但是这些方法在求解强非线性动力学问题时也都存在着局限性。经过对比和分析，本章采用多自由度解析谐波平衡法进行计算。

谐波平衡法的求解方法是假设非线性方程的解为各次谐波叠加的形式，再将方程的解代入非线性方程中，用同次谐波系数相等的方法消除方程中的正弦项与余弦项。由此可得到有 n 个未知系数的 n 个代数方程式，再对其用拟牛顿法求解即可。

设非线性方程为

$$\ddot{x} = f(x, \dot{x}, t) \tag{10.13}$$

若方程 $f(x, \dot{x}, t)$ 是周期为 T 的函数，并且方程中存在着周期等于 T 或者是 T 的整数倍的周期解的情形。若方程右边 $f(x, \dot{x}, t)$ 在 x，$\dot{x}$ 的有限区域内分别满足莱布尼茨条件，那么方程的解是唯一的，而且是分段可微的，因此可以把它展开成傅里叶级数的形式，所以设方程的解为

$$x = \frac{a_0}{2} + \sum_{n=1}^{\infty} \left(a_n \cos n\varphi + b_n \sin n\varphi \right) \tag{10.14}$$

将解代入方程（10.13）的两边，并令方程式两边的常数项 a_0 及 $\cos n\varphi$，$\sin n\varphi$ 的系数分别相等，如果取到 n 次谐波，则可得到 $2n+1$ 个方程，由此求出含有 n 次谐波方程的近似解。

10.3.1　激励形式

齿轮系统中的激励主要可以分为内部激励和外部激励两种，在考虑 RV 减速器的激励形式时可忽略负载的变动，只考虑内部激励的影响。在系统非线性动力学方程中，啮合刚度是一个时变量，为了使计算简便，只考虑它的基频分量和平均分量。计算内部激励时，由啮合误差产生的误差激励只取简谐函数。

由方程（9.10）可知负载向量 F 中，$F_i (i=5\sim10)$ 为 0，F_1 和 $F_i (i=13\sim15)$ 都为常量，$F_i (i=2\sim4, 11\sim12)$ 是简谐函数。因为载荷向量是一个角频率为 Ω 的周期函数，所以负载激励可以写成由平均分量和交变分量组成的激励形式，激励 F_i 可以表示为

$$F_i = F_{mi} + F_{ai} \cos\left(\Omega\tau + \varphi_{Fi} \right) \tag{10.15}$$

式中，F_{mi} 为激励的平均分量；F_{ai} 为激励交变分量的幅值；φ_{Fi} 为相位角；Ω 为简谐激励函数的角频率。

10.3.2　响应形式与非线性函数形式

1. 响应形式

响应即方程所要求得的解，本章只研究一次谐波的稳态响应。由于该稳态响应也是一个角频率为 Ω 的周期函数，所以可以把它的解向量 x 写成

$$x_i = x_{mi} + x_{ai}\cos(\Omega\tau + \varphi_i) \tag{10.16}$$

式中，x_{mi} 为解向量中的偏移分量；x_{ai} 为解向量中的交变分量的幅值。

2. 非线性函数形式

由于 f 是齿轮系统中存在齿侧间隙时所产生的非线性函数，设齿轮系统的齿侧间隙为 b_i。由于齿侧间隙的变化向量 f 可表示为一个分段函数，向量 f 中的元素可表示为

$$f(x_i) = \begin{cases} x_i - b_i, & x_i > b_i \\ 0, & -b_i \leqslant x_i \leqslant b_i \\ x_i + b_i, & x_i < -b_i \end{cases} \tag{10.17}$$

式中，$b_i = b_{spi}$ $(i=2,3,4)$；$b_i = 0$ $(i=1,5,6,7,8,9,10,13,14,15)$；$b_i = b_{qjl}$ $(i=11,12$；$j=1,2)$。

f 中的每一个函数都需要利用傅里叶级数按频率进行展开，其展开后可表示为

$$f(x_i) = b_i, \quad i = 1,5,6,7,8,9,10,13,14,15 \tag{10.18}$$

除了 $b_i = 0$ 时的函数可表示为线性函数外，其他函数需要利用傅里叶级数按频率进行展开，其展开后可表示为

$$f(x_i) = N_{mi}x_{mi} + N_{ai}x_{ai}\cos(\Omega\tau + \varphi_i) \tag{10.19}$$

令 $\theta_i = \Omega\tau + \varphi_i$，则式中的系数 N_{mi}，N_{ai} 可以直接求得，则

$$\begin{cases} N_{mi}(x_{mi}, x_{ai}) = \dfrac{1}{2\pi x_{mi}}\int_0^{2\pi} f(x_i)\mathrm{d}\theta_i \\[3mm] N_{ai}(x_{mi}, x_{ai}) = \dfrac{1}{2\pi x_{ai}}\int_0^{2\pi} f(x_i)\cos\theta_i\mathrm{d}\theta_i \end{cases} \tag{10.20}$$

把式（10.17）代入式（10.20），经过积分变换可得

$$\begin{cases} N_{mi} = 1 + \dfrac{1}{2}\left(G\left(\dfrac{b_i - x_{mi}}{x_{ai}}\right) - G\left(\dfrac{-b_i - x_{mi}}{x_{ai}}\right) \right) \\[4mm] N_{ai} = 1 - \dfrac{1}{2}\left(H\left(\dfrac{b_i - x_{mi}}{x_{ai}}\right) - H\left(\dfrac{-b_i - x_{mi}}{x_{ai}}\right) \right) \end{cases} \tag{10.21}$$

式中，

$$G(\mu) = \begin{cases} (2/\pi)\left(\mu\arcsin\mu + \sqrt{1+\mu^2}\right), & |\mu| \leqslant 1 \\ |\mu|, & |\mu| > 1 \end{cases} \tag{10.22}$$

$$H(\mu) = \begin{cases} -1, & \mu < -1 \\ (2/\pi)\left(\arcsin\mu + \sqrt{1-\mu^2}\right), & |\mu| \leqslant 1 \\ 1, & \mu > 1 \end{cases} \tag{10.23}$$

式（10.22）和式（10.23）中的 $\mu = \left(\pm b_i - x_{mi}\right)/x_{ai}$，当 $b_i = 0$ 时经计算所得的描述函数为

$$\begin{cases} N_{mi} = 1 \\ N_{ai} = 1 \end{cases} \tag{10.24}$$

由此可以看出，式（10.24）就是经傅里叶级数展开函数在 $b_i = 0$ 时的特殊非线性函数。所以不论 b_i 是否为 0，其描述函数都可以写成如式（10.19）一样的统一函数。

10.3.3　刚度矩阵

刚度矩阵中的任何一个元素 k 都可以用一个平均分量和一次谐波分量来表示，其表达式为

$$k_{ij}(t) = k_{mij} + k_{aij}\cos\left(\Omega\tau + \phi_{kij}\right) \tag{10.25}$$

式中，k_{mij} 为刚度矩阵中任一元素的平均分量；k_{aij} 为刚度矩阵中任一元素的一次谐波分量。

刚度矩阵 K 可以用一个平均刚度矩阵和一个交变谐波刚度矩阵的和来表示：

$$K = [k_{mij}]_{n\times n} + [k_{aij}\cos(\omega\tau + \phi_{ij})]_{n\times n} \tag{10.26}$$

10.3.4　代数平衡方程

为了将方程写成矩阵形式、激励形式、响应形式以及非线性函数形式，可用列向量表示为

$$\begin{cases} F = \left[F_{mi}\right]_{n\times 1} + \left[F_{ai}\cos(\omega\tau + \varphi_{Fi})\right]_{n\times 1} \\ x = \left[x_{mi}\right]_{n\times 1} + \left[x_{ai}\cos(\Omega\tau + \varphi_i)\right]_{n\times 1} \\ f(x) = \left[N_{mi}x_{mi}\right]_{n\times 1} + \left[N_{ai}x_{ai}\cos(\Omega\tau + \varphi_i)\right]_{n\times 1} \end{cases} \tag{10.27}$$

将方程式（10.27）代入方程（9.10），再令同次数的谐波系数相等可得到由 $3n$ 个代数方程组成的代数方程组，其矩阵形式为

$$
\begin{cases}
k_m x_m + \dfrac{1}{2}\left(k_1 x_3 + k_2 x_4\right) - p_m = \left[0\right]_{n\times1} \\[2mm]
k_m x_3 + k_1 x_m - \omega^2 m x_1 - \omega c x_2 - p_1 = \left[0\right]_{n\times1} \\[2mm]
k_m x_4 + k_2 x_m - \omega^2 m x_2 + \omega c x_1 - p_2 = \left[0\right]_{n\times1}
\end{cases}
\tag{10.28}
$$

式中，p_m 为平均载荷；k_m 为平均刚度；ω 为角速度；

$$
x_1 = \left[x_{ai}\cos\left(\varphi_i\right)\right]_{n\times1} ; \quad x_2 = \left[x_{ai}\sin\left(\varphi_i\right)\right]_{n\times1} ; \quad x_3 = \left[N_{ai}x_{ai}\cos\left(\varphi_i\right)\right]_{n\times1}
$$

$$
x_4 = \left[N_{ai}x_{ai}\sin\left(\varphi_i\right)\right]_{n\times1} ; \quad x_m = \left[N_{mi}x_{mi}\right]_{n\times1} ; \quad k_1 = \left[k_{aij}\cos\left(\varphi_{ij}\right)\right]_{n\times1}
$$

$$
k_2 = \left[k_{aij}\sin\left(\varphi_{ij}\right)\right]_{n\times n} ; \quad p_1 = \left[p_{ai}\cos\left(\varphi_{pi}\right)\right]_{n\times1} ; \quad p_2 = \left[p_{ai}\sin\left(\varphi_{pi}\right)\right]_{n\times1}
$$

所得的方程组（10.28）就是用多自由度解析谐波平衡法求得的多自由度非线性动力学方程组。该方程组中变量的个数与方程组的个数是相同的，可以用数值分析的方法对其进行求解，得到非线性方程组在系统简谐激励下的稳态解。

10.3.5　拟牛顿法

方程组（10.28）是一个比较复杂的非线性方程组，不能直接求解，所以要通过数值迭代的方法对其求解。对于求解非线性问题一般以牛顿迭代法为基础，但是这种基础方法存在一些不足，首先，由于牛顿迭代法存在着局部收敛性所以在选取初值上有一定的困难；其次，在牛顿迭代法的计算格式中的每一步都要求解一个 n 阶的代数方程组，而且还要对雅可比矩阵进行计算，这使方程的计算量加大，所以求解方程组时多采用牛顿迭代法的推广形式如 Broyden 法[8,9]。

解非线性方程组的牛顿迭代法的迭代公式如下。

设非线性方程组为

$$
F(x) = 0 \tag{10.29}
$$

式中，

$$
x \in R^n , \quad F\left(x\right) = \left[f_1\left(x\right), f_2\left(x\right), \cdots, f_n\left(x\right)\right]^{\mathrm{T}}
$$

Newton-Raphson 方法的迭代公式为

$$
\begin{cases}
\mathrm{DF}\left(x^{(k)}\right)\Delta x^{(k)} = -F\left(x^{(k)}\right) \\[2mm]
x^{(k+1)} = x^{(k)} + \Delta x^{(k)} \\[2mm]
k = 0, 1, 2, \cdots, n
\end{cases}
\tag{10.30}
$$

式中，$\mathrm{DF}\left(x^{(k)}\right)$ 是一个 $n\times n$ 的矩阵。

拟牛顿法的优点在于它比牛顿法减少了计算量，它是用一个矩阵 $B_k \in R^{n\times n}$ 来

代替 $DF\left(x^{(k)}\right)$，然后用递推形式计算 B_k，这样就避免了牛顿法中的大量求导计算，同时还能保证计算过程中的收敛速度[10]。经过变换的 Broyden 法的迭代公式为

$$\begin{cases} x^{(k+1)} = x^{(k)} - \left(B_k\right)^{-1} F\Delta x^{(k)} \\ B_{k+1} = B_k + \Delta B_k, B_0 = DF\left(x^{(k)}\right) \\ k = 0,1,2,\cdots,n \end{cases} \qquad (10.31)$$

Broyden 法是对拟牛顿法提出的修正方法，就是取 ΔB_k 是一个秩为 1 的矩阵。具体方法是用两个非 0 的 n 维向量的乘积来表示，因为一个非 0 的 n 维向量是一个秩为 1 的 $n \times 1$ 阶矩阵，两个秩为 1 的非 0 的 n 维向量的乘积得到的矩阵的秩同样为 1。

Broyden 算法的具体计算步骤为

（1）给初值 x^0，取 $B_0 = DF\left(x^0\right)$；

（2）$B_k \Delta x^{(k)} = -F\left(x^{(k)}\right)$；

（3）$x^{(k+1)} = x^{(k)} - \Delta x^{(k)} \left(k = 0,1,2,\cdots\right)$；

（4）$B_{k+1} = B_k + \dfrac{\left(y^{(k)} - B_k S^{(k)}\right)\left(S^{(k)}\right)^{\mathrm{T}}}{\left(S^{(k)}\right)^{\mathrm{T}} S^{(k)}} \left(k = 0,1,2,\cdots\right)$；

（5）$S^{(k)} = x^{(k+1)} - x^{(k)} = \Delta x^{(k)}, y^{(k)} = F\left(x^{(k+1)}\right) - F\left(x^{(k)}\right)$。

步骤（5）中要求 $S^{(k)} \neq 0$，当 $S^{(k)} = 0$ 时，即 $x^{(k+1)} = x^{(k)}$，此时迭代终止。本章中的非线性微分方程的求解是采用 Broyden 法进行求解的。

10.3.6　方程的雅可比矩阵

在用 Broyden 法对方程进行求解时，要用到非线性微分方程组的雅可比矩阵，在求解前有必要先求出方程的雅可比矩阵。

令

$$x = \left[x_{m1}, x_{m2}, \cdots, x_{mn}; x_{a1}, x_{a2}, \cdots, x_{an}; \varphi_1, \varphi_2, \cdots, \varphi_n\right]^{\mathrm{T}}, \quad n = 15$$

则非线性方程组（10.28）可以写成 $3n$ 个方程联立的形式如下：

$$f_i\left(x\right) = f_i\left(x_1, x_2, \cdots, x_k\right) = 0, \quad i = 1,2,\cdots, k = 3n$$

记为

$$F\left(x\right) = 0 \qquad (10.32)$$

向量函数 $F\left(x\right)$ 的雅可比矩阵为

$$J(x) = \frac{\partial F}{\partial x} = \begin{bmatrix} \dfrac{\partial f_1}{\partial x_1} & \dfrac{\partial f_1}{\partial x_2} & \cdots & \dfrac{\partial f_1}{\partial x_l} \\[2mm] \dfrac{\partial f_2}{\partial x_1} & \dfrac{\partial f_2}{\partial x_2} & \cdots & \dfrac{\partial f_2}{\partial x_l} \\[2mm] \vdots & \vdots & & \vdots \\[2mm] \dfrac{\partial f_l}{\partial x_1} & \dfrac{\partial f_l}{\partial x_2} & \cdots & \dfrac{\partial f_l}{\partial x_l} \end{bmatrix} \tag{10.33}$$

10.4　本章小结

（1）采用了多自由度解析谐波平衡法求解 RV 减速器具有强非线性的运动微分方程，给出了求解中涉及的激励形式、响应形式以及非线性函数形式。

（2）运用了拟牛顿的 Broyden 法对微分方程组进行了数值求解，并给出了方程的雅可比矩阵。

参 考 文 献

[1] 闻邦椿，李以农，韩清凯. 非线性振动理论中的解析方法及工程应用. 沈阳：东北大学出版社，2001.

[2] 徐灏. 机械设计手册：第 1 卷. 北京：机械工业出版社，1991.

[3] 王立华，林腾蛟，杨成云. 齿轮系统时变刚度和间隙非线性振动特性研究. 中国机械工程，2003，13(1):7-12.

[4] 机械设计手册编委会. 机械设计手册新版：第 3 卷. 北京：机械工业出版社，2004.

[5] 李力行，洪淳赫. 摆线针轮行星传动中摆线轮齿通用方程式的研究. 大连铁道学院学报，1992，2(1):7-12.

[6] Comparein R J, Singh R. Nonlinear frequency response characteristics of an impact pair. Journal of Sound and Vibration, 1989, 134(2):259-290.

[7] 卢剑伟，曾凡灵，杨汉生. 随机装配侧隙对齿轮系统动力学特性的影响分析. 机械工程学报，2010，46(21):82-85.

[8] 何卫东. 机器人用高精度 RV 传动的研究. 哈尔滨：哈尔滨工业大学，1999.

[9] 任玉杰. 数值分析及其 MATLAB 实现. 北京：高等教育出版社，2007.

[10] 王国平. 多体系统动力学数值解法. 计算机仿真，2006，23(12): 86-88.

第 11 章　RV 减速器的幅频特性分析

11.1　引　　言

幅频特性是指系统频率响应的幅度随频率变化的曲线。本章主要是对运动微分方程求解得到的频响曲线进行分析，研究系统参数变化对系统幅频特性的影响，计算得出 RV 减速器的固有频率。齿轮系统中的固有频率对分析齿轮传动系统的动态特性至关重要，对齿轮传动系统的动态响应和动载荷的分布有较大影响[1]。RV 减速器轮齿啮合刚度、齿侧间隙、误差、阻尼是影响系统非线性动态特性的主要因素，本章分析这些影响因素对频响曲线的影响。

11.2　系统的固有频率

RV 减速器的固有频率主要受刚度的影响，而动力学模型中的啮合刚度是时变性的，这使固有频率的求解变得复杂化。为了使计算简便，选取系统运动一个周期内的啮合刚度的平均值来代替系统的时变啮合刚度，应用等效啮合刚度简化固有频率的求解。系统齿侧间隙和误差对系统的固有频率影响不大，可以忽略系统中的齿侧间隙和误差，假设系统中的齿侧间隙和误差为零，得到只有刚度的动力学微分方程，而且在求解时只求它们的基频分量。因此把方程（9.5）中的非线性微分方程改写为

$$
\begin{cases}
M_I \ddot{x}_I + k_{Is} X_{Is} = 0 \\
M_s \ddot{x}_s - k_{Is} X_{Is} + \sum_{i=1}^{3} k_{spi} X_{spi} = 0 \\
M_{hpi} \ddot{x}_{hpi} - k_{spi} X_{spi} + \sum_{j=1}^{2} k_{hpiqj} X_{hpiqj} + k_{Ohpi} X_{Ohpi} = 0 \\
M_{qj} \ddot{x}_{qj} - \sum_{i=1}^{3} k_{hpiqj} X_{hpiqj} + k_{qjl} X_{qjl} = 0 \\
M_O \ddot{x}_O - \sum_{i=1}^{3} k_{Ohpi} X_{Ohpi} = 0 \\
i = 1,2,3; j = 1,2
\end{cases}
\tag{11.1}
$$

方程（11.1）的矩阵形式为

$$M\ddot{x} + Kx = 0 \qquad (11.2)$$

从方程（11.2）可以看出，这个方程中的质量矩阵与刚度矩阵与第 9 章中所求得的质量矩阵与刚度矩阵是不相同的，这里所得的质量矩阵与刚度矩阵都是 8×8 阶的对称方阵。质量矩阵与刚度矩阵中所包含的元素如下。

（1）质量矩阵为

$$M = \mathrm{diag}\left[M_I, M_s, M_{hp1}, M_{hp2}, M_{hp3}, M_{q1}, M_{q2}, M_O \right]$$

（2）刚度矩阵为

$$K = \begin{bmatrix} k_{11} & k_{12} & 0 & 0 & 0 & 0 & 0 & 0 \\ k_{21} & k_{22} & k_{23} & k_{24} & k_{25} & 0 & 0 & 0 \\ 0 & k_{32} & k_{33} & 0 & 0 & k_{36} & k_{37} & k_{38} \\ 0 & k_{42} & 0 & k_{44} & 0 & k_{46} & k_{47} & k_{48} \\ 0 & k_{52} & 0 & 0 & k_{55} & k_{56} & k_{57} & k_{58} \\ 0 & 0 & k_{63} & k_{64} & k_{65} & k_{66} & 0 & 0 \\ 0 & 0 & k_{73} & k_{74} & k_{75} & 0 & k_{77} & 0 \\ 0 & 0 & k_{83} & k_{84} & k_{85} & 0 & 0 & k_{88} \end{bmatrix}$$

刚度矩阵中的每个元素分别为

$$k_{11} = k_{Is}; \quad k_{12} = -k_{Is}$$

$$k_{21} = -k_{Is}; \quad k_{22} = k_{Is} + k_{sp1} + k_{sp2} + k_{sp3}; \quad k_{23} = -k_{sp1}$$

$$k_{24} = -k_{sp2}; \quad k_{25} = -k_{sp3}$$

$$k_{32} = -k_{sp1}; \quad k_{33} = k_{sp1} + k_{hp1q1} + k_{hp1q2} + k_{Ohp1}; \quad k_{36} = -k_{hp1q1}$$

$$k_{37} = -k_{hp1q2}; \quad k_{38} = -k_{Ohp1}$$

$$k_{42} = -k_{sp2}; \quad k_{44} = k_{sp2} + k_{hp2q1} + k_{hp2q2} + k_{Ohp2}; \quad k_{46} = -k_{hp2q1}$$

$$k_{47} = -k_{hp2q2}; \quad k_{48} = -k_{Ohp2}$$

$$k_{52} = -k_{sp3}; \quad k_{55} = k_{sp3} + k_{hp3q1} + k_{hp3q2} + k_{Ohp3}; \quad k_{56} = -k_{hp3q1}$$

$$k_{57} = -k_{hp3q2}; \quad k_{58} = -k_{Ohp3}$$

$$k_{63} = -k_{hp1q1}; \quad k_{64} = -k_{hp2q1}; \quad k_{65} = -k_{hp3q1}$$

$$k_{66} = k_{hp1q1} + k_{hp2q1} + k_{hp3q1} + k_{q1l}$$

$$k_{73} = -k_{hp1q2}; \quad k_{74} = -k_{hp2q2}; \quad k_{75} = -k_{hp3q2}$$

$$k_{77} = k_{hp1q2} + k_{hp2q2} + k_{hp3q2} + k_{q2l}$$

$$k_{83} = k_{Ohp1}; \quad k_{84} = k_{Ohp2}; \quad k_{85} = k_{Ohp3}$$

$$k_{88} = -(k_{Ohp1} + k_{Ohp2} + k_{Ohp3})$$

方程求解需要的基本参数为太阳轮的齿数 $z_1 = 21$，渐开线行星轮齿数 $z_2 = 42$，模数 $m = 2\text{mm}$，压力角 $\alpha = 20°$，渐开线齿轮传动中心距 $a_0 = 63\text{mm}$，摆线轮齿数 $z_4 = 39$，针轮齿数 $z_5 = 40$，偏心距 $a = 2.2\text{mm}$，针齿中心圆半径 $r_p = 114.5\text{mm}$，针齿销半径 $r_{rp} = 5\text{mm}$，针齿销孔半径 $r'_{rp} = 5.012\text{mm}$，转动惯量为 0.005kg·m^2，电动机输入转速 $n = 1500\text{r/min}$，太阳轮的质量为 1.891kg，行星轮的质量为 0.0472kg，转动惯量为 0.00023kg·m^2，曲柄轴的质量为 0.6977kg，转动惯量为 0.0001kg·m^2，摆线轮的质量为 0.342kg，转动惯量为 0.0045kg·m^2。

计算式（11.2）的特征值，得到系统的固有频率，如表 11.1 所示。

表 11.1　RV 减速器的各阶固有频率

阶次	固有频率/Hz	无量纲角频率 Ω	阶次	固有频率/Hz	无量纲角频率 Ω
1	0	0	6	968.4	0.922
2	60.4	0.057	7	1609.5	1.53
3	684.8	0.652	8	2517.5	2.588
4	684.8	0.652	9	2739.2	2.609
5	968.4	0.922			

从表 11.1 可以看出，系统的固有频率共有 9 阶，第 1 阶频率为系统的零频，第 2 阶频率才是系统第 1 阶固有频率。系统频率中出现了重频，分别是第 3 阶与第 4 阶的频率相同，第 5 阶与第 6 阶的频率相同。重频现象一般是发生在具有物理对称性的系统中，RV 减速器传动装置从其物理机构上具有对称性。当有重频出现时会给系统的数值计算带来一定的困难，它会降低运算迭代效率，更严重的是会使收敛失效。

11.3　线性系统的幅频特性

RV 减速器的非线性特性主要产生在存在齿侧间隙的太阳轮与行星轮、摆线轮与针齿的啮合处，当不考虑齿侧间隙时，系统的模型就从复杂的非线性动力学模型转变为简单线性动力学模型。通过线性模型频响特性与非线性模型频响特性的对比，可以确定齿侧间隙对齿轮系统的动态特性的影响。因为模型中不考虑齿侧间隙的影响，所以计算时令方程（9.10）中的齿侧间隙 $b = 0$；啮合误差只取其中的简谐函数，而太阳轮与行星轮之间、摆线轮与针齿轮之间的无量纲误差幅值均取 2，位移标称尺度 b_c 取 0.01mm，啮合刚度取其平均分量和其一阶谐波分量，采用多自由度谐波平衡法及数值解法，计算得出 RV 减速器的一系列频响曲线，如图 11.1～图 11.5 所示。图 11.1～图 11.5 分别表征输入构件与太阳轮之间的扭转振动、曲柄轴与摆线轮之啮合振动、输出盘与曲柄轴之间的扭转振动、太阳轮与行星轮之间的传动误差的频响特性。

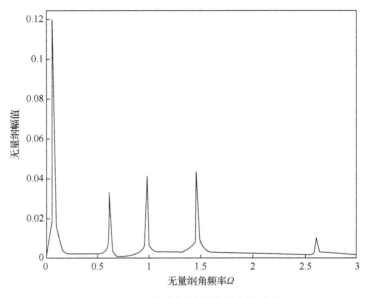

图 11.1 X_{ls} 交变幅值的线性频响曲线

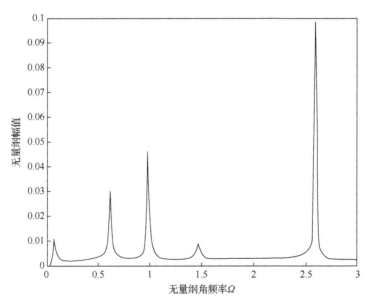

图 11.2 X_{hplql} 交变幅值的线性频响曲线

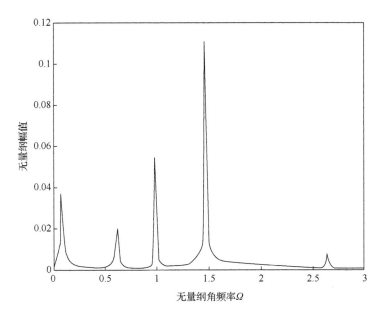

图 11.3　X_{hp1O} 交变幅值的线性频响曲线

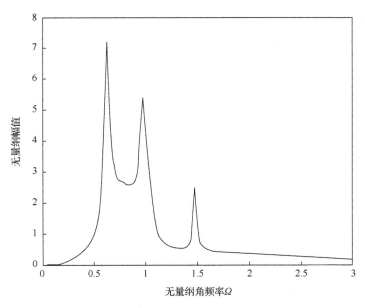

图 11.4　X_{sp1} 交变幅值的线性频响曲线

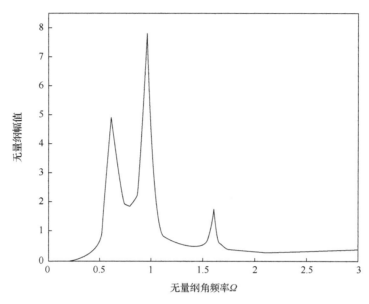

图 11.5　　X_{q1l} 交变幅值的线性频响曲线

　　由频响曲线图可以看出，有五阶频率会激起系统的共振，而且这五个能激起共振的频率都与一个固有频率相接近。这五个频响曲线图中能激起各自最大共振幅值的频率各不相同，也就是说，除了零频以外其他阶次的固有频率都对应着某一个自由度的共振。输入构件与太阳轮之间的最大扭转共振产生在无量纲角频率为 0.062 处，曲柄轴与摆线轮啮合产生的最大共振是在无量纲角频率为 2.608 处，输出构件与曲柄轴之间的最大共振产生在无量纲角频率为 1.462 处；太阳轮与行星轮之间的最大传动误差产生在无量纲角频率 0.620 处，摆线轮与针齿轮之间的最大传动误差产生在无量纲角频率为 0.980 处。图 11.4 与图 11.5 的振动幅值明显远大于图 11.1、图 11.2 与图 11.3 的振动幅值，可以判断太阳轮与行星轮啮合处和摆线轮与针轮啮合处发生的振动比较剧烈。

11.4　　非线性系统的幅频特性

　　由于齿侧间隙是非线性的，因此当间隙为零时，是线性系统，而齿侧间隙不为零时，是非线性系统，计算得出线性系统和非线性系统的频响曲线，为对比将线性与非线性系统的幅频曲线画在同一幅图上，如图 11.6～图 11.10 所示。图 11.6～图 11.10 分别表征太阳轮与行星轮、摆线轮与针轮、输入机构与太阳轮、曲柄轴与摆线轮、曲柄轴与圆盘输出构件之间的幅频特性。

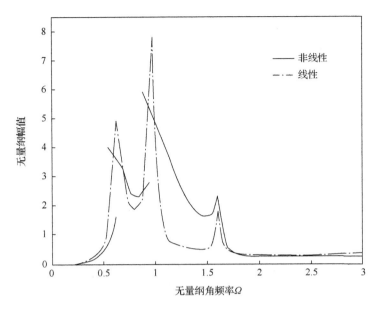

图 11.6　X_{sp1} 交变幅频曲线

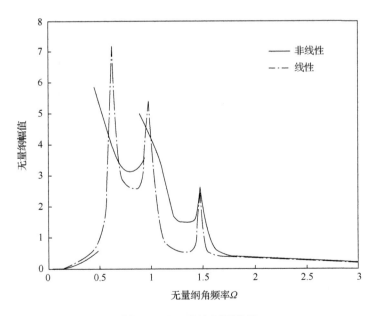

图 11.7　X_{q1l} 交变幅频曲线

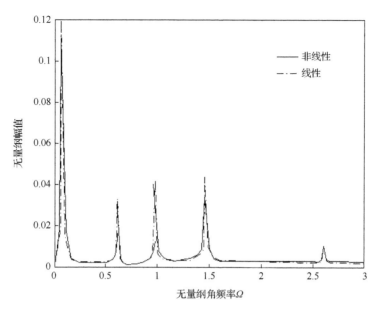

图 11.8　X_{ls} 交变幅频曲线

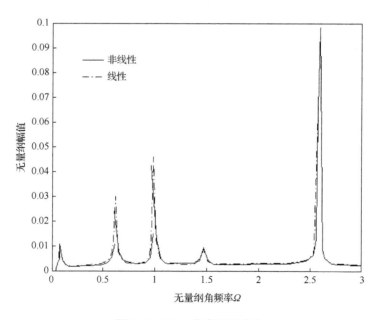

图 11.9　X_{hp1q1} 交变幅频曲线

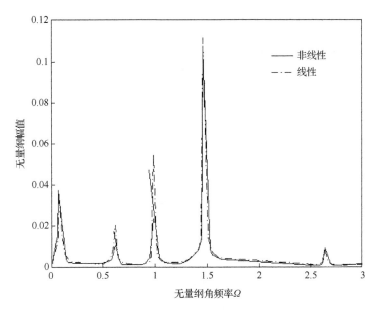

图 11.10　X_{hp1O} 交变幅频曲线

从图 11.6 与图 11.7 中系统的非线性交变幅频曲线可以看出，系统的稳态解在其频率范围内出现了多值解的情况。两个幅频曲线都出现了有单边冲击和无冲击同时存在的两种稳态解的区域。X_{spi} 出现两种稳态解的区域是在其无量纲角频率取值为 0.45～0.49 和 0.89～0.935 时，X_{qil} 出现两种稳态解的区域是在其频率取值为 0.54～0.58 和 0.85～0.95 时。除这些区间外，其他区间均为一种稳态解区间。系统存在幅值跳跃的现象，发生冲击跳跃的频率一般在接近振动的敏感点处，如 X_{spi} 与 X_{qil} 的幅值跳跃发生在共振点 $\Omega = 0.620$ 和 $\Omega = 0.980$ 附近，这两个共振点都是系统固有频率的重频共振点。在其他共振点处没有幅值跳跃现象发生，由此可知不是所有共振点都能激发系统的幅值跳跃现象。

图 11.8～图 11.10 是不存在齿侧间隙构件的幅频曲线，但是它们的幅频曲线同样存在着幅值不连续的现象，而且这种不连续现象出现在共振点 $\Omega = 0.620$ 和 $\Omega = 0.980$ 的附近。说明存在齿侧间隙的机构出现冲击跳跃的时候，其他非间隙的机构受其影响也会出现冲击跳跃，但是出现在非线性机构上的跳跃程度比较弱。

11.5　参数对系统幅频特性的影响

11.5.1　啮合刚度对系统幅频特性的影响

应用多自由度解析谐波平衡法进行求解时，将啮合刚度处理成简谐函数，即

啮合刚度用平均分量和交变分量来表示，即可写成

$$k(t) = k_m + k_a \cos(\Omega \tau + \phi) \tag{11.3}$$

定义一个刚度波动系数 B'，用它来表示随着时间的变化啮合刚度所产生的波动程度。刚度波动系数 B' 可以用 k_m 与 k_a 的比值来表示，可写为

$$B' = \frac{k_a}{k_m} \tag{11.4}$$

啮合刚度的波动强度是随着刚度波动系数的增加而变大的。在其他参数不变的情况下，分别取时变啮合刚度波动系数 B'=0,0.2,0.6 三种情况计算摆线轮与针齿啮合的幅频响应，如图 11.11 所示。

由图 11.11 可以看出，刚度变化都产生幅值跳跃的现象。随着啮合刚度波动系数的增加，在发生幅值跳跃处的最大振动幅值也不断增加。随着刚度波动系数增加，发生共振的频率逐渐减小，当波动系数为 0 时，产生最大振幅的频率为 $\Omega = 0.93$。当波动系数为 0.2 时，产生最大振幅的频率为 $\Omega = 0.88$；当波动系数为 0.6 时，产生最大振幅的频率为 $\Omega = 0.803$。产生幅值跳跃现象是由于系统中存在着齿侧间隙而产生的非线性特性，而啮合刚度的波动不会影响系统响应的性质，只能影响非线性程度，随着啮合刚度的不断增加，系统响应的非线性也不断加强。

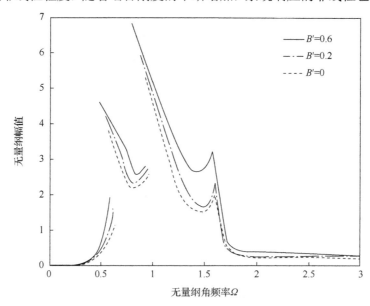

图 11.11　时变啮合刚度对幅频曲线的影响

11.5.2　综合啮合误差对系统幅频特性的影响

综合啮合误差取基频分量为

$$e(t) = e\cos(\Omega t + \varphi) \tag{11.5}$$

在其他参数不变的条件下，在误差允许范围内，改变系统的误差无量纲幅值 e，取 $e = 0.1, 2.0, 5.0$ 三种情况分析摆线轮与针轮啮合传动的频响特性，幅频曲线如图 11.12 所示。

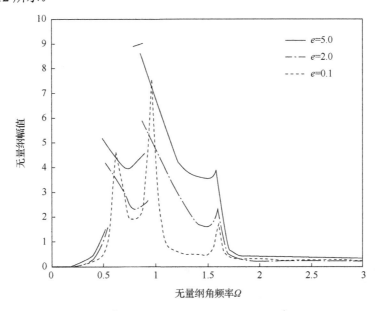

图 11.12　误差对幅频曲线的影响

当误差值为 0.1 时，虽然系统中存在间隙，但是整个系统都处于无冲击状态，所以系统幅频曲线呈现线性特性。当误差值为 2.0 时，系统的幅频曲线中出现冲击，呈现了非线性。在产生最大幅值的频率附近出现无冲击状态与单冲击状态共存的现象，而系统的最大振幅值也比误差为 0.1 时的幅值有所增加。当误差值为 5.0 时，系统的非线性加剧，甚至在无量纲角频率 $\Omega = 0.855 \sim 0.86$ 处出现无冲击、单边冲击和双边冲击三种稳态解共存的状态，系统的振动幅值明显增加。总之，系统中误差的变化对系统响应的性质有影响，当误差很小时，系统响应呈现线性的性质，随着误差的增加，系统逐渐出现非线性动态响应，而且系统响应的非线性是随着误差的增加而加剧。

11.5.3　阻尼对系统幅频特性的影响

在其他参数不变的条件下，改变系统的阻尼系数，分别取阻尼系数 $\xi = 0.03$, 0.12, 0.16 三种情况对太阳轮与行星齿轮传动的频响特性进行计算，阻尼系数对幅频的影响如图 11.13 所示。

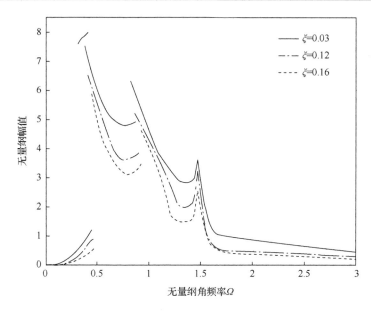

图 11.13　阻尼系数对幅频曲线的影响

由图 11.13 可以看出，当阻尼系数取不同值时，系统中太阳轮与行星齿轮啮合振动的幅频曲线呈现的性质都是非线性的，在 $\Omega = 0.5$ 共振频率附近都出现了幅值跳跃不连续现象，随着阻尼比的减小，系统传动误差增大，导致振动振幅增大。

11.6　本 章 小 结

（1）采用 Broyden 法求解了系统的线性和非线性微分方程，得到了系统频响曲线，研究了 RV 减速器的幅频特性。分析结果表明，该系统是强非线性系统。

（2）分析了啮合刚度、误差和阻尼等参数的变化对系统幅频特性的影响。间隙和误差是系统非线性响应的主要因素，决定系统响应性质，刚度和阻尼不会影响系统的非线性响应性质，但可以加剧非线性程度。

参 考 文 献

[1] 鲁文龙. 面齿轮传动的齿面温度分布与动态特性研究. 南京：南京航空航天大学，2000.

第 12 章　RV 减速器非线性动态特性分析

12.1　引　　言

对齿轮系统的非线性动态特性的研究主要是研究其平衡状态及周期运动状态的稳定性。尤其对于自激振动系统，研究自激振动的稳定性及其系统参数变化对稳定性的影响具有重要意义。RV 减速器是典型的自激强非线性系统，而非线性系统振动的稳态运动形式有平衡态、周期运动、准周期运动和混沌运动[1]。本章以相平面图、Poincaré 截面图、时域波形图以及 FFT 谱图的四种表现形式来研究 RV 减速器非线性动态特性。

12.2　非线性动力学方程的求解方法

由于用数值积分的解法可以求解任何形式的非线性动力学微分方程，所以对于本章所得到的具有强非线性的动力学微分方程也采用这种求解方法。在这种求解方法中最主要的是初值的选取问题，正确的初值选取对计算结果有很大的影响。

12.2.1　微分方程的降阶处理

动力学微分方程（9.10）是一个二阶微分方程组，在进行数值积分计算之前需要对其进行降阶处理，使其变为一阶微分方程组的形式。

需降阶处理的方程为

$$M\ddot{X} + C\dot{X} + KX = F \tag{12.1}$$

做如下变换：

$$\begin{cases} \dfrac{\mathrm{d}\dot{X}}{\mathrm{d}t} = M^{-1}F - M^{-1}C\dot{X} - M^{-1}KX \\ \dfrac{\mathrm{d}X}{\mathrm{d}t} = \dot{X} \end{cases} \tag{12.2}$$

令

$$\dot{X} = I\dot{X}$$

式中，I 与 M 是有相同维数的矩阵，则可把式（9.5）变为如下形式：

$$\begin{bmatrix} \ddot{X} \\ \dot{X} \end{bmatrix} = \begin{bmatrix} -M^{-1}C & -M^{-1}K \\ I & 0 \end{bmatrix} \begin{bmatrix} \dot{X} \\ X \end{bmatrix} + \begin{bmatrix} MF \\ 0 \end{bmatrix} \tag{12.3}$$

令 $Y = \begin{bmatrix} \dot{X} \\ X \end{bmatrix}$，则 $\dot{Y} = \begin{bmatrix} \ddot{X} \\ \dot{X} \end{bmatrix}$，所以有

$$\dot{Y} = \begin{bmatrix} -M^{-1}C & -M^{-1}K \\ I & 0 \end{bmatrix} Y + \begin{bmatrix} MF \\ 0 \end{bmatrix} \tag{12.4}$$

对微分方程（9.10）进行降阶处理，先令

$$X_{Is} = x_1, X_{sp2} = x_2, X_{sp2} = x_3, X_{sp3} = x_4, X_{hp1q1} = x_5, X_{hp2q1} = x_6$$

$$X_{hp3q1} = x_7, X_{hp1q2} = x_8, X_{hp2q2} = x_9, X_{hp3q2} = x_{10}, X_{q1l} = x_{11}, X_{q2l} = x_{12}$$

$$X_{Op1} = x_{13}, X_{Op2} = x_{14}, X_{Op3} = x_{15}, \dot{X}_{Is} = x_{16}, \dot{X}_{sp1} = x_{17}, \dot{X}_{sp2} = x_{18}, \dot{X}_{sp3} = x_{19}$$

$$\dot{X}_{hp1q1} = x_{20}, \dot{X}_{hp2q1} = x_{21}, \dot{X}_{hp3q1} = x_{22}, \dot{X}_{hp1q2} = x_{23}, \dot{X}_{hp2q2} = x_{24}, \dot{X}_{hp3q2} = x_{25}$$

$$\dot{X}_{q1l} = x_{26}, \dot{X}_{q2l} = x_{27}, \dot{X}_{Ohp1} = x_{28}, \dot{X}_{Ohp2} = x_{29}, \dot{X}_{Ohp3} = x_{30}$$

可把式（9.10）改写为

$$X' = AX + F(X) \tag{12.5}$$

式中，

$$X = [x_1, x_2, x_3, \cdots, x_{30}]^{\mathrm{T}}$$

$$F(X) = [f_3, f_4, f_5, \cdots, f_{30}]^{\mathrm{T}}$$

$$A = \begin{bmatrix} K_{11} & K_{12} \\ K_{21} & K_{22} \end{bmatrix}$$

其中，K_{11} 为 15 阶零矩阵，K_{12} 为 15 阶单位矩阵，矩阵 K_{21} 和 K_{22} 分别为

$$K_{21} = \begin{bmatrix}
k_{1,1} & k_{1,2} & k_{1,3} & k_{1,4} & 0 & 0 & 0 & 0 & 0 & 0 & 0 & 0 & 0 & 0 & 0 \\
k_{2,1} & k_{2,2} & k_{2,3} & k_{2,4} & k_{2,5} & 0 & 0 & k_{2,8} & 0 & 0 & 0 & 0 & k_{2,13} & 0 & 0 \\
k_{3,1} & k_{3,2} & k_{3,3} & k_{3,4} & 0 & k_{3,6} & 0 & 0 & k_{3,9} & 0 & 0 & 0 & 0 & k_{3,14} & 0 \\
k_{4,1} & k_{4,2} & k_{4,3} & k_{4,4} & 0 & 0 & k_{4,7} & 0 & 0 & k_{4,10} & 0 & 0 & 0 & 0 & k_{4,15} \\
0 & k_{5,2} & 0 & 0 & k_{5,5} & k_{5,6} & k_{5,7} & k_{5,8} & 0 & 0 & k_{5,11} & 0 & k_{5,13} & 0 & 0 \\
0 & 0 & k_{6,3} & 0 & k_{6,5} & k_{6,6} & k_{6,7} & 0 & k_{6,9} & 0 & k_{6,11} & 0 & 0 & k_{6,14} & 0 \\
0 & 0 & 0 & k_{7,4} & k_{7,5} & k_{7,6} & k_{7,7} & 0 & 0 & k_{7,10} & k_{7,11} & 0 & 0 & 0 & k_{7,15} \\
0 & k_{8,2} & 0 & 0 & k_{8,5} & 0 & 0 & k_{8,8} & k_{8,9} & k_{8,10} & 0 & k_{8,12} & k_{8,13} & 0 & 0 \\
0 & 0 & k_{9,3} & 0 & 0 & k_{9,6} & 0 & k_{9,8} & k_{9,9} & k_{9,10} & 0 & k_{9,12} & 0 & k_{9,14} & 0 \\
0 & 0 & 0 & k_{10,4} & 0 & 0 & k_{10,7} & k_{10,8} & k_{10,9} & k_{10,10} & 0 & k_{10,12} & 0 & 0 & k_{10,15} \\
0 & 0 & 0 & 0 & k_{11,5} & k_{11,6} & k_{11,7} & 0 & 0 & 0 & k_{11,11} & 0 & 0 & 0 & 0 \\
0 & 0 & 0 & 0 & 0 & 0 & 0 & k_{12,8} & k_{12,9} & k_{12,10} & 0 & k_{12,12} & 0 & 0 & 0 \\
0 & k_{13,2} & 0 & 0 & k_{13,5} & 0 & 0 & k_{13,8} & 0 & 0 & 0 & 0 & k_{13,13} & 0 & 0 \\
0 & 0 & k_{14,3} & 0 & 0 & k_{14,6} & 0 & 0 & k_{14,9} & 0 & 0 & 0 & 0 & k_{14,14} & 0 \\
0 & 0 & 0 & k_{15,4} & 0 & 0 & k_{15,7} & 0 & 0 & k_{15,10} & 0 & 0 & 0 & 0 & k_{15,15}
\end{bmatrix}$$

K_{21} 中的元素分别为

$$k_{1,1} = \frac{k_{Is}}{\omega_n^2} \; ; \quad k_{1,2} = \frac{k_{sp1}}{\omega_n^2 M_s} \; ; \quad k_{1,3} = \frac{k_{sp2}}{\omega_n^2 M_s} \; ; \quad k_{1,4} = -\frac{k_{sp3}}{\omega_n^2 M_s} \; ; \quad k_{2,1} = -\frac{k_{Is}}{\omega_n^2 M_s} \; ; \quad k_{2,2} = \frac{k_{sp1}}{\omega_n^2}$$

$$k_{2,3} = \frac{k_{sp2}}{\omega_n^2 M_s} \; ; \quad k_{2,4} = \frac{k_{sp3}}{\omega_n^2 M_s} \; ; \quad k_{2,5} = -\frac{k_{hp1q1}}{\omega_n^2 M_{hp1}} \; ; \quad k_{2,8} = -\frac{k_{hp1q2}}{\omega_n^2 M_{hp1}} \; ; \quad k_{2,13} = -\frac{k_{Ohp1}}{\omega_n^2 M_{hp1}}$$

$$k_{3,1} = -\frac{k_{Is}}{\omega_n^2 M_s} \; ; \quad k_{3,2} = \frac{k_{sp1}}{\omega_n^2 M_s} \; ; \quad k_{3,3} = \frac{k_{sp2}}{\omega_n^2} \; ; \quad k_{3,4} = \frac{k_{sp3}}{\omega_n^2 M_s} \; ; \quad k_{3,6} = \frac{k_{hp2q1}}{\omega_n^2 M_{hp2}}$$

$$k_{3,9} = -\frac{k_{hp2q2}}{\omega_n^2 M_{hp2}} \; ; \quad k_{3,14} = -\frac{k_{hp2o}}{\omega_n^2 M_{hp2}} \; ; \quad k_{4,1} = -\frac{k_{Is}}{\omega_n^2 M_s} \; ; \quad k_{4,2} = \frac{k_{sp1}}{\omega_n^2 M_s} \; ; \quad k_{4,3} = \frac{k_{sp2}}{\omega_n^2 M_s}$$

$$k_{4,4} = \frac{k_{sp3}}{\omega_n^2} \; ; \quad k_{4,7} = -\frac{k_{hp3q1}}{\omega_n^2 M_{hp3}} \; ; \quad k_{4,10} = -\frac{k_{hp3q2}}{\omega_n^2 M_{hp3}} \; ; \quad k_{4,15} = -\frac{k_{hp3O}}{\omega_n^2 M_{hp3}}$$

$$k_{5,2} = -\frac{k_{sp1}}{\omega_n^2 M_{hp1}} \; ; \quad k_{5,5} = \frac{k_{hp1q1}}{\omega_n^2} \; ; \quad k_{5,6} = \frac{k_{hp2q1}}{\omega_n^2 M_{hq1}} \; ; \quad k_{5,7} = \frac{k_{hp3q1}}{\omega_n^2 M_{hq1}} \; ; \quad k_{5,8} = \frac{k_{hp1q2}}{\omega_n^2 M_{hp1}}$$

$$k_{5,11} = -\frac{k_{q1l}}{\omega_n^2 M_{q1}} \; ; \quad k_{5,13} = \frac{k_{hp1O}}{\omega_n^2 M_{p1}} \; ; \quad k_{6,3} = -\frac{k_{sp2}}{\omega_n^2 M_{hp2}} \; ; \quad k_{6,5} = \frac{k_{hp1q1}}{\omega_n^2 M_{hp2}} \; ; \quad k_{6,6} = \frac{k_{hp2q1}}{\omega_n^2}$$

$$k_{6,7} = \frac{k_{hp3q1}}{\omega_n^2 M_{hp2}} \; ; \quad k_{6,9} = \frac{k_{hp2q2}}{\omega_n^2 M_{hp2}} \; ; \quad k_{6,11} = -\frac{k_{q1l}}{\omega_n^2 M_{hq1}} \; ; \quad k_{6,14} = \frac{k_{hp2O}}{\omega_n^2 M_{hp2}}$$

$$k_{7,4} = -\frac{k_{sp3}}{\omega_n^2 M_{hp3}} \; ; \quad k_{7,5} = \frac{k_{hp1q1}}{\omega_n^2 M_{q1}} \; ; \quad k_{7,6} = \frac{k_{hp2q1}}{\omega_n^2 M_{q1}} \; ; \quad k_{7,7} = \frac{k_{hp3q1}}{\omega_n^2} \; ; \quad k_{7,10} = \frac{k_{hp3q2}}{\omega_n^2 M_{hp3}}$$

$$k_{7,11} = -\frac{k_{q1l}}{\omega_n^2 M_{hq1}} \; ; \quad k_{7,15} = \frac{k_{hp3O}}{\omega_n^2 M_{hp3}} \; ; \quad k_{8,2} = -\frac{k_{sp1}}{\omega_n^2 M_{hp1}} \; ; \quad k_{8,5} = \frac{k_{hp1q1}}{\omega_n^2 M_{hp1}} \; ; \quad k_{8,8} = \frac{k_{hp1q2}}{\omega_n^2}$$

$$k_{8,9} = \frac{k_{hp2q2}}{\omega_n^2 M_{hq2}} \; ; \quad k_{8,10} = \frac{k_{hp3q2}}{\omega_n^2 M_{hq2}} \; ; \quad k_{8,12} = -\frac{k_{q2l}}{\omega_n^2 M_{hq2}} \; ; \quad k_{8,13} = \frac{k_{hp1O}}{\omega_n^2 M_{hp1}}$$

$$k_{9,3} = -\frac{k_{sp2}}{\omega_n^2 M_{hp2}} \; ; \quad k_{9,6} = \frac{k_{hp2q1}}{\omega_n^2 M_{hp2}} \; ; \quad k_{9,8} = \frac{k_{hp1q2}}{\omega_n^2 M_{hp2}} \; ; \quad k_{9,9} = \frac{k_{hp2q2}}{\omega_n^2} \; ; \quad k_{9,10} = \frac{k_{hp3q2}}{\omega_n^2 M_{hq2}}$$

$$k_{9,12} = -\frac{k_{q2l}}{\omega_n^2 M_{hq2}} \; ; \quad k_{9,14} = \frac{k_{hp2O}}{\omega_n^2 M_{hp2}} \; ; \quad k_{10,4} = -\frac{k_{sp3}}{\omega_n^2 M_{p3}} \; ; \quad k_{10,7} = \frac{k_{p3q1}}{\omega_n^2 M_{p3}}$$

$$k_{10,8} = \frac{k_{p1q2}}{\omega_n^2 M_{q2}} \; ; \quad k_{10,9} = \frac{k_{p2q2}}{\omega_n^2 M_{q2}} \; ; \quad k_{10,10} = \frac{k_{hp3q2}}{\omega_n^2} \; ; \quad k_{10,12} = -\frac{k_{q2l}}{\omega_n^2 M_{hq2}}$$

$$k_{10,15} = \frac{k_{hp3O}}{\omega_n^2 M_{hp3}} \; ; \quad k_{11,5} = -\frac{k_{hp1q1}}{\omega_n^2} \; ; \quad k_{11,6} = -\frac{k_{hp2q1}}{\omega_n^2} \; ; \quad k_{11,7} = -\frac{k_{hp3q1}}{\omega_n^2} \; ; \quad k_{11,11} = \frac{k_{q1l}}{\omega_n^2}$$

$$k_{12,8} = -\frac{k_{hp1q2}}{\omega_n^2} \; ; \quad k_{12,9} = -\frac{k_{hp2q2}}{\omega_n^2} \; ; \quad k_{12,10} = -\frac{k_{hp3q2}}{\omega_n^2} \; ; \quad k_{12,12} = \frac{k_{q2l}}{\omega_n^2} \; ; \quad k_{13,2} = -\frac{k_{sp1}}{\omega_n^2 M_{hp1}}$$

$$k_{13,5} = \frac{k_{hp1q1}}{\omega_n^2 M_{hp1}} \; ; \quad k_{13,8} = \frac{k_{hp1q2}}{\omega_n^2 M_{hp1}} \; ; \quad k_{13,13} = \frac{k_{hp1O}}{\omega_n^2} \; ; \quad k_{14,3} = -\frac{k_{sp2}}{\omega_n^2 M_{hp2}} \; ; \quad k_{14,6} = \frac{k_{hp2q1}}{\omega_n^2 M_{hp2}}$$

$$k_{14,9} = \frac{k_{hp2q2}}{\omega_n^2 M_{hp2}} \; ; \quad k_{14,14} = \frac{k_{hp2O}}{\omega_n^2} \; ; \quad k_{15,4} = -\frac{k_{sp3}}{\omega_n^2 M_{hp3}} \; ; \quad k_{15,7} = \frac{k_{hp3q1}}{\omega_n^2 M_{hp3}}$$

$$k_{15,10} = \frac{k_{hp3q2}}{\omega_n^2 M_{hp3}} \; ; \quad k_{15,15} = \frac{k_{hp3O}}{\omega_n^2}$$

$$K_{22} = \begin{bmatrix}
k_{1,1} & k_{1,2} & k_{1,3} & k_{1,4} & 0 & 0 & 0 & 0 & 0 & 0 & 0 & 0 & 0 & 0 & 0 \\
k_{2,1} & k_{2,2} & k_{2,3} & k_{2,4} & k_{2,5} & 0 & 0 & k_{2,8} & 0 & 0 & 0 & 0 & k_{2,13} & 0 & 0 \\
k_{3,1} & k_{3,2} & k_{3,3} & k_{3,4} & 0 & k_{3,6} & 0 & 0 & k_{3,9} & 0 & 0 & 0 & 0 & k_{3,14} & 0 \\
k_{4,1} & k_{4,2} & k_{4,3} & k_{4,4} & 0 & 0 & k_{4,7} & 0 & 0 & k_{4,10} & 0 & 0 & 0 & 0 & k_{4,15} \\
0 & k_{5,2} & 0 & 0 & k_{5,5} & k_{5,6} & k_{5,7} & k_{5,8} & 0 & 0 & k_{5,11} & 0 & k_{5,13} & 0 & 0 \\
0 & 0 & k_{6,3} & 0 & k_{6,5} & k_{6,6} & k_{6,7} & 0 & k_{6,9} & 0 & k_{6,11} & 0 & 0 & k_{6,14} & 0 \\
0 & 0 & 0 & k_{7,4} & k_{7,5} & k_{7,6} & k_{7,7} & 0 & 0 & k_{7,10} & k_{7,11} & 0 & 0 & 0 & k_{7,15} \\
0 & k_{8,2} & 0 & 0 & k_{8,5} & 0 & 0 & k_{8,8} & k_{8,9} & k_{8,10} & 0 & k_{8,12} & k_{8,13} & 0 & 0 \\
0 & 0 & k_{9,3} & 0 & 0 & k_{9,6} & 0 & k_{9,8} & k_{9,9} & k_{9,10} & 0 & k_{9,12} & 0 & k_{9,14} & 0 \\
0 & 0 & 0 & k_{10,4} & 0 & 0 & k_{10,7} & k_{10,8} & k_{10,9} & k_{10,10} & 0 & k_{10,12} & 0 & 0 & k_{10,15} \\
0 & 0 & 0 & 0 & k_{11,5} & k_{11,6} & k_{11,7} & 0 & 0 & 0 & k_{11,11} & 0 & 0 & 0 & 0 \\
0 & 0 & 0 & 0 & 0 & 0 & 0 & k_{12,8} & k_{12,9} & k_{12,10} & 0 & k_{12,12} & 0 & 0 & 0 \\
0 & k_{13,2} & 0 & 0 & k_{13,5} & 0 & 0 & k_{13,8} & 0 & 0 & 0 & 0 & k_{13,13} & 0 & 0 \\
0 & 0 & k_{14,3} & 0 & 0 & k_{14,6} & 0 & 0 & k_{14,9} & 0 & 0 & 0 & 0 & k_{14,14} & 0 \\
0 & 0 & 0 & k_{15,4} & 0 & 0 & k_{15,7} & 0 & 0 & k_{15,10} & 0 & 0 & 0 & 0 & k_{15,15}
\end{bmatrix}$$

K_{22} 中的元素分别为

$$k_{1,1} = \frac{C_{Is}}{\omega_n} \; ; \quad k_{1,2} = \frac{C_{sp1}}{\omega_n M_s} \; ; \quad k_{1,3} = \frac{C_{sp2}}{\omega_n M_s} \; ; \quad k_{1,4} = -\frac{C_{sp3}}{\omega_n M_s} \; ; \quad k_{2,1} = -\frac{C_{Is}}{\omega_n M_s} \; ; \quad k_{2,2} = \frac{C_{sp1}}{\omega_n}$$

$$k_{2,3} = \frac{C_{sp2}}{\omega_n M_s} \; ; \quad k_{2,4} = \frac{C_{sp3}}{\omega_n M_s} \; ; \quad k_{2,5} = -\frac{C_{hp1q1}}{\omega_n M_{hp1}} \; ; \quad k_{2,8} = -\frac{C_{hp1q2}}{\omega_n M_{hp1}} \; ; \quad k_{2,13} = -\frac{C_{Ohp1}}{\omega_n M_{hp1}}$$

$$k_{3,1} = -\frac{C_{Is}}{\omega_n M_s} \; ; \quad k_{3,2} = \frac{C_{sp1}}{\omega_n M_s} \; ; \quad k_{3,3} = \frac{C_{sp2}}{\omega_n} \; ; \quad k_{3,4} = \frac{C_{sp3}}{\omega_n M_s} \; ; \quad k_{3,6} = \frac{C_{hp2q1}}{\omega_n M_{hp2}}$$

$$k_{3,9} = -\frac{C_{hp2q2}}{\omega_n M_{hp2}} \; ; \quad k_{3,14} = -\frac{C_{hp2O}}{\omega_n M_{hp2}} \; ; \quad k_{4,1} = -\frac{C_{Is}}{\omega_n M_s} \; ; \quad k_{4,2} = \frac{C_{sp1}}{\omega_n M_s} \; ; \quad k_{4,3} = \frac{C_{sp2}}{\omega_n M_s}$$

$$k_{4,4} = \frac{C_{sp3}}{\omega_n^2} \; ; \quad k_{4,7} = -\frac{C_{hp3q1}}{\omega_n M_{hp3}} \; ; \quad k_{4,10} = -\frac{C_{hp3q2}}{\omega_n M_{hp3}} \; ; \quad k_{4,15} = -\frac{C_{hp3O}}{\omega_n M_{hp3}}$$

$$k_{5,2} = -\frac{C_{sp1}}{\omega_n M_{hp1}} \; ; \quad k_{5,5} = \frac{C_{hp1q1}}{\omega_n} \; ; \quad k_{5,6} = \frac{C_{hp2q1}}{\omega_n M_{hq1}} \; ; \quad k_{5,7} = \frac{C_{hp3q1}}{\omega_n M_{hq1}} \; ; \quad k_{5,8} = \frac{C_{hp1q2}}{\omega_n M_{hp1}}$$

$$k_{5,11} = -\frac{C_{q1l}}{\omega_n M_{q1}} \; ; \quad k_{5,13} = \frac{C_{hp1O}}{\omega_n M_{p1}} \; ; \quad k_{6,3} = -\frac{C_{sp2}}{\omega_n M_{hp2}} \; ; \quad k_{6,5} = \frac{C_{hp1q1}}{\omega_n M_{hp2}} \; ; \quad k_{6,6} = \frac{C_{hp2q1}}{\omega_n}$$

$$k_{6,7} = \frac{C_{hp3q1}}{\omega_n M_{hp2}} \; ; \quad k_{6,9} = \frac{C_{hp2q2}}{\omega_n M_{hp2}} \; ; \quad k_{6,11} = -\frac{C_{q1l}}{\omega_n M_{hq1}} \; ; \quad k_{6,14} = \frac{C_{hp2O}}{\omega_n M_{hp2}}$$

$$k_{7,4} = -\frac{C_{sp3}}{\omega_n M_{hp3}} \; ; \quad k_{7,5} = \frac{C_{hp1q1}}{\omega_n M_{q1}} \; ; \quad k_{7,6} = \frac{C_{hp2q1}}{\omega_n M_{q1}} \; ; \quad k_{7,7} = \frac{C_{hp3q1}}{\omega_n} \; ; \quad k_{7,10} = \frac{C_{hp3q2}}{\omega_n M_{hp3}}$$

$$k_{7,11} = -\frac{C_{q1l}}{\omega_n M_{hq1}} \; ; \quad k_{7,15} = \frac{C_{hp3O}}{\omega_n M_{hp3}} \; ; \quad k_{8,2} = -\frac{C_{sp1}}{\omega_n M_{hp1}} \; ; \quad k_{8,5} = \frac{C_{hp1q1}}{\omega_n M_{hp1}} \; ; \quad k_{8,8} = \frac{C_{hp1q2}}{\omega_n}$$

$$k_{8,9} = \frac{C_{hp2q2}}{\omega_n M_{hq2}} \; ; \quad k_{8,10} = \frac{C_{hp3q2}}{\omega_n M_{hq2}} \; ; \quad k_{8,12} = -\frac{C_{q2l}}{\omega_n M_{hq2}} \; ; \quad k_{8,13} = \frac{C_{hp1O}}{\omega_n M_{hp1}}$$

$$k_{9,3} = -\frac{C_{sp2}}{\omega_n M_{hp2}} \; ; \quad k_{9,6} = \frac{C_{hp2q1}}{\omega_n M_{hp2}} \; ; \quad k_{9,8} = \frac{C_{hp1q2}}{\omega_n M_{hp2}} \; ; \quad k_{9,9} = \frac{C_{hp2q2}}{\omega_n} \; ; \quad k_{9,10} = \frac{C_{hp3q2}}{\omega_n M_{hq2}}$$

$$k_{9,12} = -\frac{C_{q2l}}{\omega_n M_{hq2}} \; ; \quad k_{9,14} = \frac{C_{hp2O}}{\omega_n M_{hp2}} \; ; \quad k_{10,4} = -\frac{C_{sp3}}{\omega_n M_{p3}} \; ; \quad k_{10,7} = \frac{C_{p3q1}}{\omega_n M_{p3}}$$

$$k_{10,8} = \frac{C_{p1q2}}{\omega_n M_{q2}} \; ; \quad k_{10,9} = \frac{C_{p2q2}}{\omega_n M_{q2}} \; ; \quad k_{10,10} = \frac{C_{hp3q2}}{\omega_n} \; ; \quad k_{10,12} = -\frac{C_{q2l}}{\omega_n M_{hq2}} \; ; \quad k_{10,15} = \frac{C_{hp3O}}{\omega_n M_{hp3}}$$

$$k_{11,5} = -\frac{C_{hp1q1}}{\omega_n} \; ; \quad k_{11,6} = -\frac{C_{hp2q1}}{\omega_n} \; ; \quad k_{11,7} = -\frac{C_{hp3q1}}{\omega_n} \; ; \quad k_{11,11} = \frac{C_{q1l}}{\omega_n} \; ; \quad k_{12,8} = -\frac{C_{hp1q2}}{\omega_n}$$

$$k_{12,9} = -\frac{C_{hp2q2}}{\omega_n} \; ; \quad k_{12,10} = -\frac{C_{hp3q2}}{\omega_n} \; ; \quad k_{12,12} = \frac{C_{q2l}}{\omega_n} \; ; \quad k_{13,2} = -\frac{C_{sp1}}{\omega_n M_{hp1}} \; ; \quad k_{13,5} = \frac{C_{hp1q1}}{\omega_n M_{hp1}}$$

$$k_{13,8} = \frac{C_{hp1q2}}{\omega_n M_{hp1}} \; ; \quad k_{13,13} = \frac{C_{hp1O}}{\omega_n} \; ; \quad k_{14,3} = -\frac{C_{sp2}}{\omega_n M_{hp2}} \; ; \quad k_{14,6} = \frac{C_{hp2q1}}{\omega_n M_{hp2}} \; ; \quad k_{14,9} = \frac{C_{hp2q2}}{\omega_n M_{hp2}}$$

$$k_{14,14} = \frac{C_{hp2O}}{\omega_n} \; ; \quad k_{15,4} = -\frac{C_{sp3}}{\omega_n M_{hp3}} \; ; \quad k_{15,7} = \frac{C_{hp3q1}}{\omega_n M_{hp3}} \; ; \quad k_{15,10} = \frac{C_{hp3q2}}{\omega_n M_{hp3}} \; ; \quad k_{15,15} = \frac{C_{hp3O}}{\omega_n}$$

12.2.2　积分初值的选择

　　利用数值方法进行计算时，初值的选择对求解的结果非常重要，如果初值选取的不合理有时会导致整个计算的失败。在求解齿轮动力学微分方程时其初值的选取有以下几种方法：

（1）选取初始位移与初始速度的值为"0"；

（2）用系统受平均载荷影响时产生的静态变形来确定初始位移，用系统的理论转速来确定初始速度；

（3）由静态变形确定其初始位移，其初始速度选取"0"。

第三种选取初值的方法综合了前两种方法的优点，既消除了系统中刚体转动的成分，又使位移条件接近于稳态振动的弹性变形，这种初值选取方法适用于求稳态解。本章采用此方法确定积分初值。

12.2.3　龙格-库塔算法

进行计算时所采用的方法是数值方法里的自适应龙格-库塔法。这种方法对于求解复杂的周期解或者非周期解的方程很有效，下面介绍龙格-库塔法的基本思想。

由微分中值定理可知：

$$\frac{y(x_{n+1}) - y(x_n)}{h} = y'(x_n + \theta h), \quad 0 < \theta < 1 \tag{12.6}$$

当 $y' = f(x, y)$ 时，有

$$y(x_{n+1}) = y(x_n) + hf(x_n + \theta h, y(x_n + \theta h)) \tag{12.7}$$

记区间 $[x_n, x_{n+1}]$ 内的平均斜率为 $\bar{K} = f\left(x_n + \theta h, y\left(x_n + \theta h\right)\right)$，由此可见，当给出一个平均斜率 $\bar{K}$ 时，式（12.7）就能相对应地导出一种算法。这里也可以理解为 $\bar{K}$ 取 $f\left(x_n, y_n\right)$ 与 $f\left(x_{n+1}, \bar{y}_{n+1}\right)$ 的平均值，其中 $\bar{y}_{n+1} = y_n + hf\left(x_n, y_n\right)$，这种处理方法提高了解题精度。由此可以设定区间 $[x_n, x_{n+1}]$ 内的 $r(r>1)$ 个点的斜率为

$$\begin{cases} k_1 = f(x_n, y_n) \\ k_2 = f(x_n + a_2 h, y_n + b_{21} h k_1) \\ \cdots\cdots \\ k_r = f(x_n + a_r h, y_n + h\sum_{j=1}^{r-1} b_{rj} k_j) \end{cases} \tag{12.8}$$

把式（12.8）的所有斜率加权平均，得到平均斜率 $\bar{K}$ 的近似值为

$$y_{n+1} = y_n + h\sum_{i=1}^{r} c_i k_i \tag{12.9}$$

这样就会构造出一个具有高精度的求解微分方程初值问题的计算公式，这就是龙格-库塔数值计算方法的基本思想。

进行数值计算时选择的步长越小，产生的截断误差也就越小，但是随着步长的减小，所计算的步数也会随之增加，增大了计算量，甚至会导致舍入误差的积累[2]，所以在计算时选取适当的步长是非常重要的，既要满足计算精度又要尽量地减少计算步数。自适应龙格-库塔法满足了这两个条件，它可以在计算时自动地

调整步长，是一种提高计算效率的有效算法。

自适应龙格-库塔法的解题方法如下：

设方程 y_{n+1}，用 r 阶龙格-库塔法对其进行计算。从 y_n 出发，先以 h 为步长进行计算，得到 $y(x_{n+1})$ 的近似值为 $y_{n+1}^{(h)}$，再以 $\dfrac{h}{2}$ 为步长进行计算，计算两步得到 $y(x_{n+1})$ 的近似值为 $y_{n+1}^{(\frac{h}{2})}$。r 阶龙格-库塔公式的局部截断误差为 $O(h^{r+1})$，而 $y^{(r+1)}(x)$ 在区间 $[x_n, x_{n+1}]$ 上的变化不大，所以

$$y(x_{n+1}) - y_{n+1}^{(h)} \approx ch^{r+1} \tag{12.10}$$

$$y(x_{n+1}) - y_{n+1}^{(\frac{h}{2})} \approx 2c(\frac{h}{2})^{r+1} \tag{12.11}$$

将式（12.8）乘以 2^r 再减去式（12.7），可得

$$(2^r - 1)y(x_{n+1}) - 2^r y_{n+1}^{(\frac{h}{2})} + y_{n+1}^{(h)} \approx 0 \tag{12.12}$$

所以

$$\left| y(x_{n+1}) - y_{n+1}^{(h)} \right| \approx \frac{1}{2^r - 1} \left| y_{n+1}^{(\frac{h}{2})} + y_{n+1}^{(h)} \right| = \Delta' \tag{12.13}$$

可以根据 Δ' 的大小来选取适当的步长。自适应龙格-库塔法可以按照以下的过程进行。

从点 x_n 出发，先以 h 为步长计算第一步，得到 $y(x_n + h)$ 的近似值为 $y_{n+1}^{(h)}$，再以 $\dfrac{h}{2}$ 为步长，从点 x_n 出发进行计算，计算两步得到 $y(x_n + h)$ 的近似值为 $y_{n+1}^{(\frac{h}{2})}$。预先给定一个容限 ε，对其进行以下处理：

当 $\Delta' < \varepsilon$ 时，且两个值相差不是很大，则说明给定的步长是合适的，取 $y(x_{n+1}) \approx y_{n+1} = y_{n+1}^{(h)}$，并以 h 为步长计算点 x_{n+2} 处的近似值 y_{n+2}；当 $\Delta' \ll \varepsilon$ 时，说明此时的步长过小，要不断地将步长加倍再进行计算，直到得到 $\Delta' > \varepsilon$ 时为止，在此前一次的计算结果 y_{n+1} 的步长即合适的步长，可以用此步长继续进行计算；当 $\Delta' > \varepsilon$ 时，此时步长过大，应将步长反复地折半再进行计算，一直计算到 $\Delta' < \varepsilon$ 为止。

12.3　系统的稳态响应

混沌是在参数空间的一定范围内，确定性的非线性系统出现的长期行为对初值敏感的依赖性[3]。对于混沌系统，它在长时期内的行为轨迹是不能被准确预测出的，其终极端对初始状态的依赖很敏感，混沌是一种随机性行为。系统的非线

性动态特性可以从以下几个方面反映出：相平面图、Poincaré 截面图、时域波形图以及 FFT 谱图。表 12.1 给出了如何用上述表示方法判断系统是否发生混沌现象。

表 12.1　混沌的特征

动态特征表征形式	周期运动	拟周期运动	混沌运动
Poincaré 截面图	有限个固定点	无限个点，密集地分布在一条封闭的曲线上	无限个点，成片地出现在一定区域上
FFT 谱图	离散	离散	连续
相平面图	封闭的曲线	一定宽度的闭合曲线带	不封闭曲线
时域波形图	响应呈现周期性	响应存在周期成分	没有任何周期特性

以摆线轮与针齿轮啮合为例来分析系统解随着频率的变化而产生的变化。选取参数：平均激励 $F_m = 0.1$，交变激励幅值 $F_a = 0.2$，齿侧间隙 $b = 1$，阻尼比 $\xi = 0.03$，啮合刚度 $k = 0.1$ 不变，在此情况下取不同的频率分析系统随着频率的变化发生混沌的现象，取 Ω 分别为 $0.21, 0.35, 0.73, 0.86, 1.55$。应用自适应龙格-库塔法求解得到以下结果。

图 12.1 为 $\Omega = 0.21$ 时系统的相图与时间历程图，相图为一个封闭的圆，时域波形图呈现周期性。由此可知系统处于非谐单周期运动状态，此时系统的位移还很小，说明在齿轮啮合处没有产生分离，齿轮还处于正常啮合的状态。

图 12.2 为 $\Omega = 0.35$ 时系统的动态响应，此时系统相图为一个近似椭圆形的封闭图形，时域波形图呈现周期性。由此可知系统还是非谐单周期运动，其运动状态没有改变。但是此时系统的位移明显增大，齿轮已脱离正常啮合，已经处于冲击状态。

图 12.3 为 $\Omega = 0.73$ 时系统的动态响应，此时系统相图还是封闭的图像，而时间历程图仍然呈现周期性。但是此时系统的运动状态已发生了改变，已变为 4 次谐波运动，产生了倍周期分叉。

图 12.4 为 $\Omega = 0.86$ 时系统的动态响应。此时系统的相图是由没有规则的随机分布的曲线组成的不封闭的图像，而它的时域波形图也没有任何周期性。由此可以推导出此时系统已经发生了混沌。系统中产生了双边冲击，处于无冲击、单边冲击与双边冲击共存的状态。

图 12.5 为 $\Omega = 1.55$ 时系统的动态响应，此时相图又变为封闭的曲线，时域波形图又呈现周期性。说明此时系统又进入了周期运动，而此时系统的位移没有明显减小，说明系统还是处于冲击状态。

通过以上分析发现，在其他参数不变的情况下改变系统的激励频率时，系统会发生从正常啮合状态下的非谐单周期运动、脱离正常啮合状态的单周期运动、谐波运动、混沌运动再到周期运动的运动过程。系统的冲击状态由无冲击的周期运动变为有双边冲击的混沌运动再变为有冲击的周期运动，系统所呈现的运动状态与系统频响曲线所得到的运动状态基本一致。

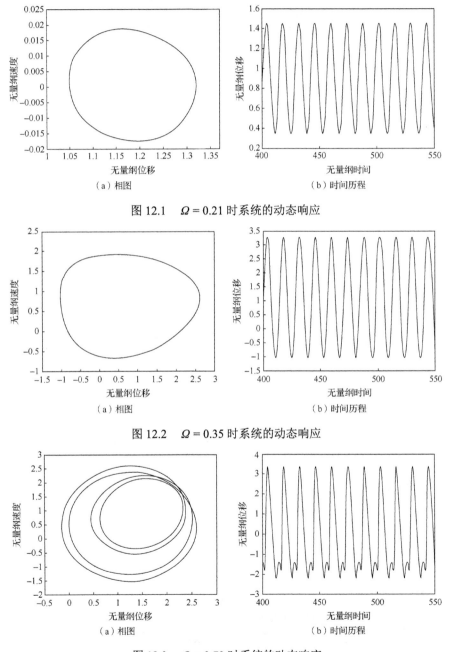

图 12.1　$\Omega = 0.21$ 时系统的动态响应

图 12.2　$\Omega = 0.35$ 时系统的动态响应

图 12.3　$\Omega = 0.73$ 时系统的动态响应

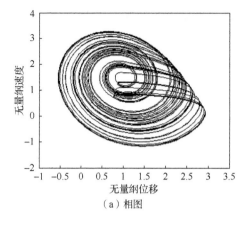

（a）相图

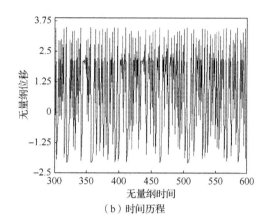

（b）时间历程

图 12.4　$\Omega = 0.86$ 时系统的动态响应

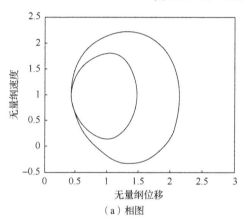

（a）相图

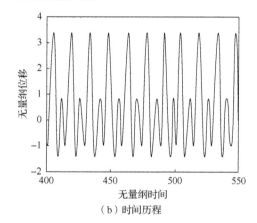

（b）时间历程

图 12.5　$\Omega = 1.55$ 时系统的动态响应

12.4　阻尼对系统非线性动态特性的影响

采用自适应龙格-库塔法进行计算，求解得到不同阻尼时系统的相平面图、Poincaré 截面图、时域波形图及 FFT 谱图。分析阻尼对系统非线性动态特性的影响。以太阳轮与行星轮啮合为例进行计算分析，先确定基本参数，选取参数：平均激励 $F_m = 0.1$，交变激励幅值 $F_a = 0.2$，齿侧间隙 $b = 1$，无量纲角频率 $\Omega = 0.85$，取 ξ 分别为 0.16,0.12 和 0.03。经过计算得到的系统响应如图 12.6～图 12.8 所示。

图 12.6 为 $\xi = 0.16$ 时系统的动态响应，此时系统相图为封闭曲线，时间历程呈现周期性；Poincaré 截面图上的映射为两个固定的点；FFT 谱图呈离散状。由此可知系统为 2 周期运动，已经进入分叉阶段。此时系统已经产生了冲击，呈现

无冲击与单边冲击共存的状态。

图 12.7 为 $\xi = 0.12$ 时系统的动态响应，此时系统的相图仍然为非圆的封闭曲线，时间历程呈现周期性；Poincaré 截面图上为 6 个固定的点；FFT 谱图为离散的曲线。由此可知此时系统为 6 周期运动，继续进行分叉。此时系统的冲击状态没有发生改变，仍然存在单边冲击状态。

图 12.8 为 $\xi = 0.03$ 时系统的动态响应，此时系统相图为杂乱无章的不封闭的曲线，时间历程图没有任何周期性；Poincaré 截面图是由无限个点组成的，它们成片地出现在图形的一定区域中；FFT 谱图为连续的曲线。由此可以判断系统发生了混沌。此时系统中产生了双边冲击状态，处于无冲击、单边冲击与双边冲击共存的状态。

通过分析可知，随着阻尼的不断减小，经过倍周期分叉逐渐发生了混沌，随着系统逐渐进入混沌状态的过程，它的冲击也发生了变化，从无冲击与单边冲击共存的状态逐渐变为无冲击、单边冲击与双边冲击三种冲击共存的状态。

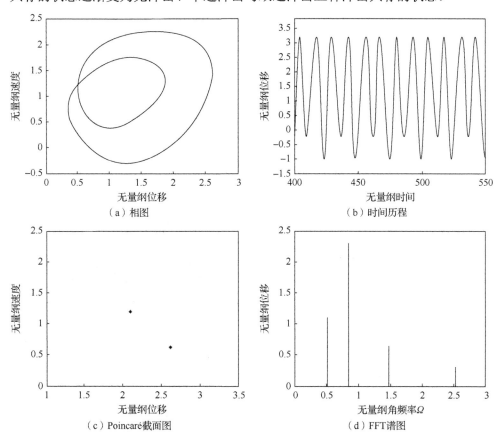

（a）相图　　　　　　　　　　　（b）时间历程

（c）Poincaré截面图　　　　　　　（d）FFT谱图

图 12.6　$\xi = 0.16$ 时系统的动态响应

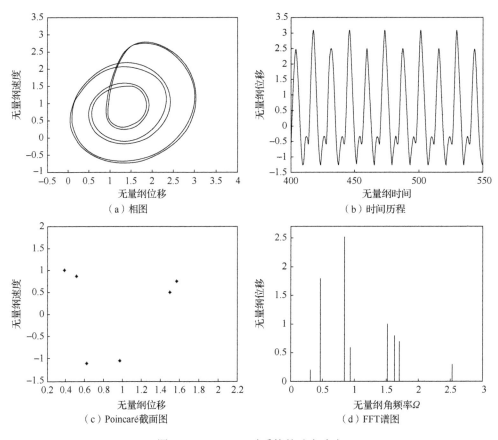

（a）相图　　　　　　　　　　　（b）时间历程

（c）Poincaré截面图　　　　　　　（d）FFT谱图

图 12.7　$\xi = 0.12$ 时系统的动态响应

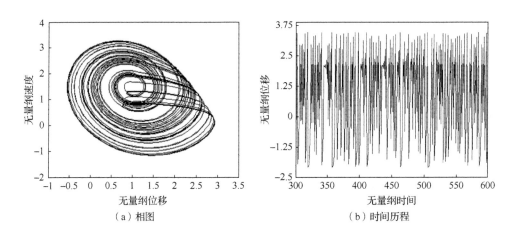

（a）相图　　　　　　　　　　　（b）时间历程

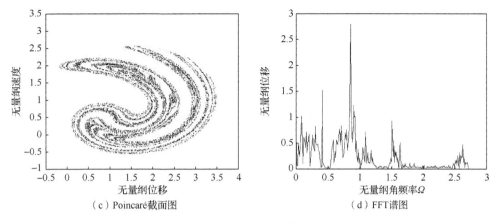

（c）Poincaré截面图　　　　　　（d）FFT谱图

图 12.8　$\xi = 0.03$ 时系统的动态响应

12.5　本 章 小 结

（1）运用多自由度解析谐波平衡法计算分析了啮合刚度、误差及阻尼对非线性系统动态特性的影响，还应用了自适应龙格-库塔法计算分析了阻尼与频率变化时系统混沌的产生过程。

（2）随着系统无量纲角频率的增加，系统由无冲击的周期运动变为有双边冲击的混沌运动，随之又变为有冲击的周期运动。

（3）随着系统阻尼的不断减小，系统经由倍周期分叉运动逐渐发生了混沌。系统的冲击也随之发生变化，由无冲击与单边冲击共存的状态变成无冲击、单边冲击与双边冲击三种冲击共存的状态。

参 考 文 献

[1] 居桂方，肖万能，周建勇. MATLAB 在数字图像处理中的应用.中国科技信息，2006(15): 124-125.

[2] 刘鸣熙. 摆线针轮传动与小型 RV 二级减速器的研究. 北京：北京交通大学，2008.

[3] 高普云. 非线性动力学——分叉、混沌与孤立子. 合肥：国防科技大学出版社，2005.

第 13 章　环板式针摆行星传动系统动力学实验

13.1　引　　言

实验目的是通过实验对双电机驱动的四环板针摆行星传动的振动和噪声来源及影响因素进行考察，通过对实验结果进行分析对比，找到振动源和噪声源，给新样机的研制提供参考。

13.2　振动实验测试

13.2.1　实验设备及测点布置

测试仪器采用国外先进的多通道噪声与振动分析系统，实验设备及流程如图 13.1 所示，减速器样机实验布置图如图 13.2 所示。

Artemis
分析仪器
SQLab Ⅱ 多通道数据
采集记录器及前端
加速度
传感器
被测
减速器

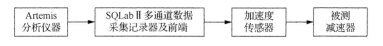

图 13.1　实验设备及流程图

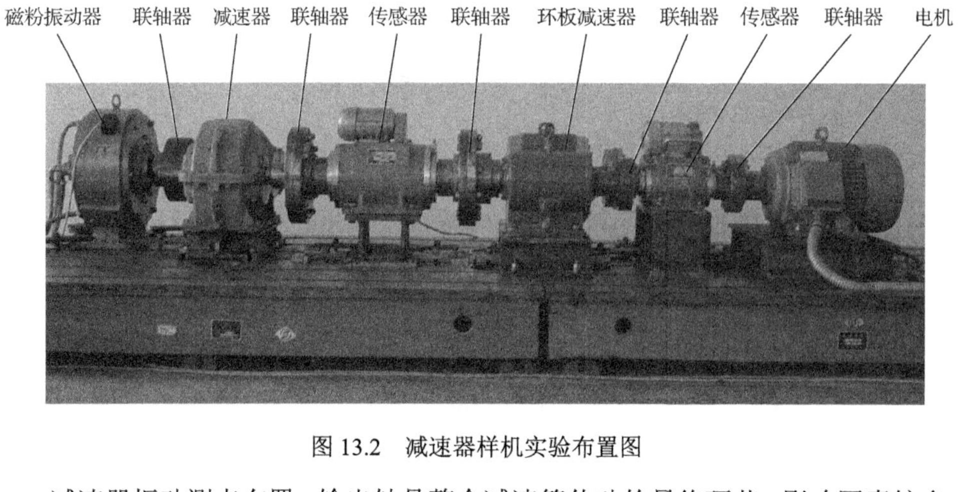

磁粉振动器
联轴器
减速器
联轴器
传感器
联轴器
环板减速器
联轴器
传感器
联轴器
电机

图 13.2　减速器样机实验布置图

减速器振动测点布置：输出轴是整个减速箱传动的最终环节，影响因素较多，所以在箱体上的输出轴位置设置两个测点 2 和 3（z 向和 x 向），反映输出轴、输出轴轴承及箱体的综合影响。在箱体 z 向的输入轴位置设置一个测点（测点 1），反映输入轴、输入轴轴承及箱体的综合影响。在箱体的正面中心位置设置一个测点（测点 4），主要反映箱体的 y 向振动。在减速箱正前方 1m 处布置一个噪声测点，如图 13.3 和表 13.1 所示。

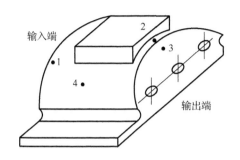

图 13.3　传感器位置图

表 13.1　传感器对应的测点位置

序号	测点	测点位置
1	1（振动）	输入轴轴承上方中心位置
2	2（振动）	输出轴轴承上方中心位置
3	3（振动）	输出轴上方中心位置
4	4（振动）	减速箱端面中心位置
5	噪声测点	减速箱正前方 1m 处

13.2.2　实验测试工况及情况说明

本次实验的室内情况为：温度 17.5℃，湿度 71%。测试工况为：测试电机转速分别为 250r/min,500r/min,750r/min,1000r/min，在空载、50%载荷、70%载荷、80%载荷、100%载荷时测点振动的加速度。

在转速一定的情况下，载荷发生变化，鉴于篇幅限制，本章只给出转速为 1000r/min 时，随着载荷变化的振动频谱图，如图 13.4～图 13.8 所示。为便于分析，将转速为 1000r/min，测点 1 不同载荷下振动的 13 倍频值绘制在同一张图上，如图 13.9 所示。在载荷一定的情况下，转速发生变化，随着转速的增加，振动的幅值增大。本章只给出 100%载荷时，不同转速下的振动频谱图，如图 13.10～图 13.13 所示。

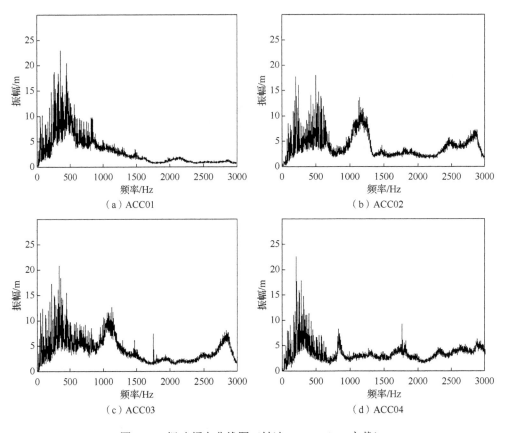

（a）ACC01   （b）ACC02

（c）ACC03   （d）ACC04

图 13.4　振动频率曲线图（转速 1000r/min，空载）

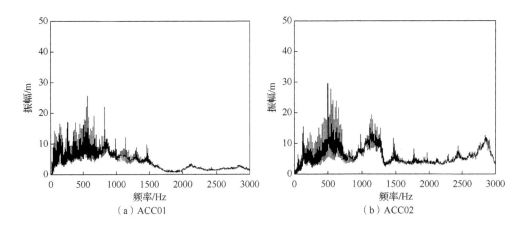

（a）ACC01   （b）ACC02

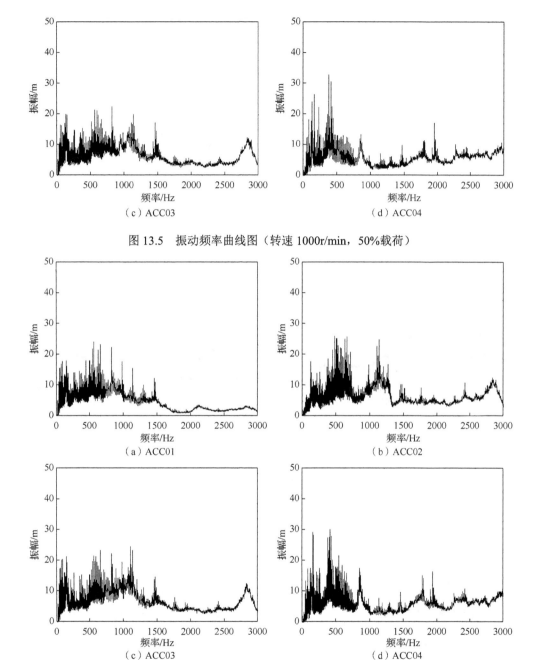

（c）ACC03　　　　　　　　　　　　　（d）ACC04

图 13.5　振动频率曲线图（转速 1000r/min，50%载荷）

（a）ACC01　　　　　　　　　　　　　（b）ACC02

（c）ACC03　　　　　　　　　　　　　（d）ACC04

图 13.6　振动频率曲线图（转速 1000r/min，70%载荷）

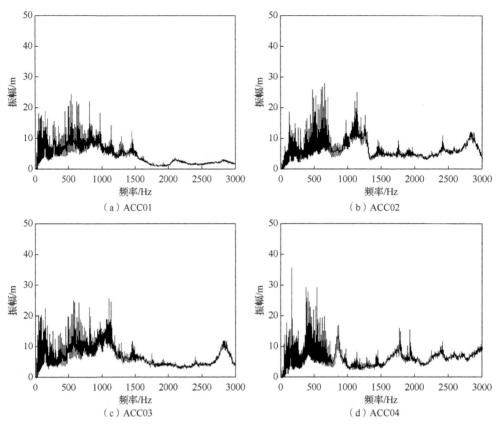

图 13.7　振动频率曲线图（转速 1000r/min，80%载荷）

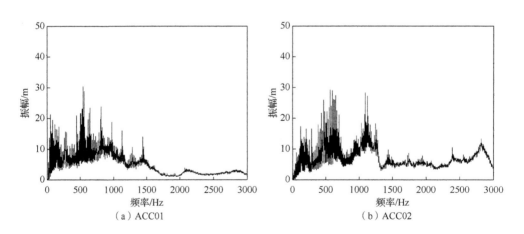

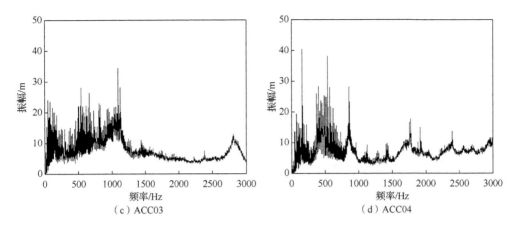

（c）ACC03　　　　　　　　　　　（d）ACC04

图 13.8　振动频率曲线图（转速 1000r/min，100%载荷）

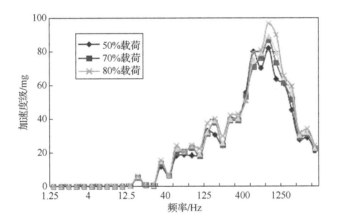

图 13.9　转速 1000r/min 各载荷下振动的 13 倍频值

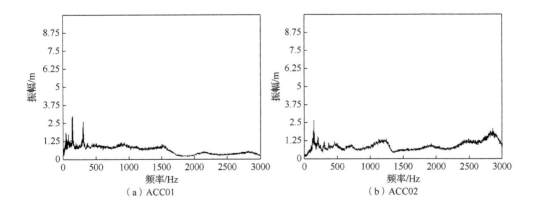

（a）ACC01　　　　　　　　　　　（b）ACC02

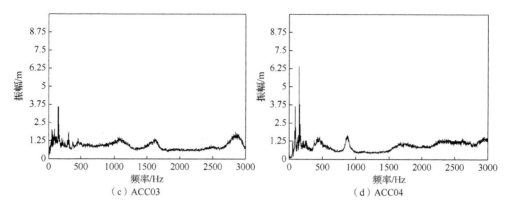

（c）ACC03　　　　　　　　　　　（d）ACC04

图 13.10　振动频率曲线图（转速 250r/min，100%载荷）

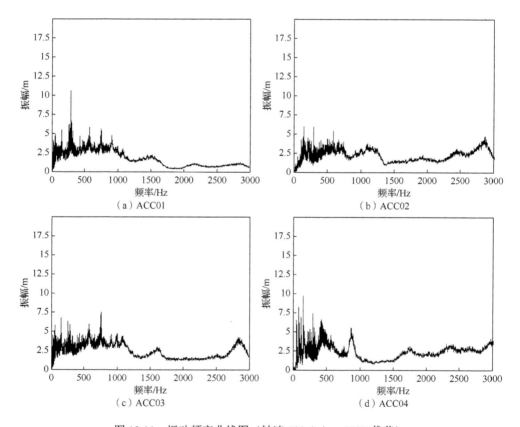

（a）ACC01　　　　　　　　　　　（b）ACC02

（c）ACC03　　　　　　　　　　　（d）ACC04

图 13.11　振动频率曲线图（转速 500r/min，100%载荷）

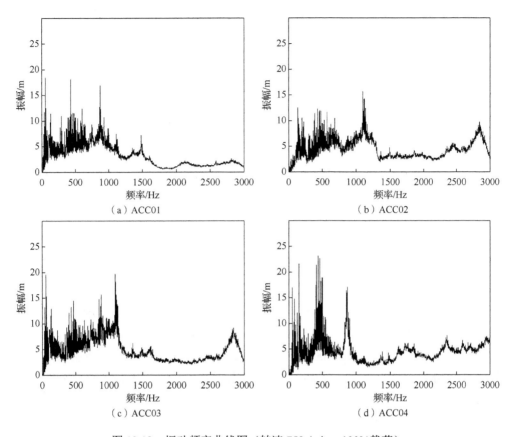

图 13.12　振动频率曲线图（转速 750r/min，100%载荷）

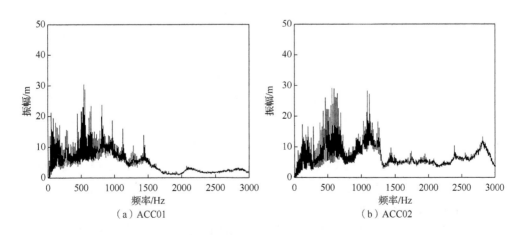

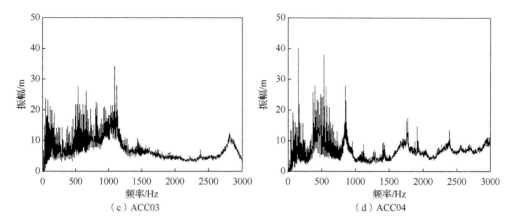

图 13.13　振动频率曲线图（转速 1000r/min，100%载荷）

13.2.3　结果分析

由图 13.4～图 13.8 可以看出，测点 1 处的峰值频率基本出现在 250Hz,600Hz,800Hz,1200Hz 处；测点 2 处的峰值频率基本出现在 250Hz,500Hz,680Hz,1200Hz 处；测点 3 处的峰值频率基本出现在 250Hz,680Hz,800Hz,1200Hz 处；测点 4 处的峰值频率基本出现在 175Hz,500Hz,800Hz 处。由图 13.9 可以看出，转速一定，不同载荷作用下，振动的峰值频率出现的频段几乎相同，加速度最大峰值都出现在 800Hz 处，说明载荷不能改变振动的共振频率，但随着转速增大，振动幅值增大。

由图 13.4～图 13.8 可以看出，当电机转速为 250r/min 时，测点 1 处的峰值出现在 175Hz,375Hz 处，其余三个测点的峰值基本都出现在 175Hz 处；电机转速为 500r/min 时，测点 1 处的峰值频率出现在 375Hz,750Hz 处，测点 2 处的峰值频率出现在 175Hz,375Hz,1200Hz 处，测点 3 处的峰值出现在 175Hz,250Hz,750Hz 处，测点 4 处的峰值出现在 175Hz,375Hz,450Hz,800Hz 处；电机转速为 750r/min 时，测点 1 处的峰值频率基本出现在 125Hz,375Hz,800Hz,1200Hz 处，测点 2 处的峰值频率基本出现在 175Hz,375Hz,600Hz,1200Hz 处，测点 3 处的峰值频率基本出现在 125Hz,375Hz,800Hz,1200Hz 处，测点 4 处的峰值频率基本出现在 175Hz,375Hz,800Hz 处；电机转速为 1000r/min 时，测点 1 处的峰值频率基本出现在 100Hz,600Hz,800Hz,1200Hz 处，测点 2 处的峰值频率基本出现在 750Hz,680Hz,1200Hz 处，测点 3 处的峰值频率基本出现在 100Hz,360Hz,600Hz,1200Hz 处，测点 4 处的峰值频率基本出现在 175Hz,600Hz,800Hz 处。

为分析振动的影响因素，先计算电机驱动四环板针行星针摆减速器中针齿与摆线轮的啮合频率。

根据表 2.1 给出的双电机驱动四环板针行星针摆减速器的参数和如图 13.14 所示的传动原理计算出摆线轮的理论角速度为

$$\omega_b = \frac{V_B}{r_c'} = \frac{2\pi ne}{\frac{z_c}{z_p}r_p'} = \frac{2\pi ne}{\frac{z_c}{z_p}K_1 r_p} = \frac{2\pi enz_p}{Kz_c r_p}$$

式中，V_B 为 B 点的速度；n 为电机转速；z_c 为摆线轮齿数；r_c' 为摆线轮基圆半径。

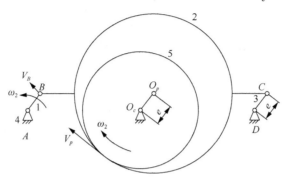

图 13.14 环板式摆线针轮传动机构简图[1]

摆线轮的转速为

$$n_b = \frac{\omega_b}{2\pi} = \frac{anz_p}{K_1 z_c r_p}$$

理论上摆线轮有一半的齿同时参与啮合，因此，摆线轮上任意一个齿在摆线轮转一周过程中，啮合次数为 $n_c = \frac{z_c}{2}$。

因此，摆线轮的啮合频率为

$$m = \frac{z_c}{2}n_c = \frac{z_c}{2}\frac{anz_p}{K_1 z_c r_p} = \frac{anz_p}{2K_1 r_p}$$

当电机转速不同时啮合频率不同，不同转速下的啮合频率见表 13.2。

表 13.2 不同电机转速下摆线轮的啮合频率

电机转速/（r/min）	摆线轮啮合频率/Hz
250	125
500	250
750	375
1000	600

当电机转速为 250r/min 时，测点 1 处的一个峰值频率 375Hz 是啮合频率的倍频，测点 1 的另一个峰值频率，也是其他三个测点的峰值频率 175Hz 与第 2 章箱体模态实验中测得的横向固有频率 171Hz 接近；当电机转速为 500r/min 时，测点 1 处的峰值频率 375Hz，750Hz 是啮合频率和啮合频率的分频。测点 2 处的峰值频率 175Hz 与箱体模态实验中测得的横向固有频率 171Hz 接近，峰值频率 375Hz，1200Hz 都是啮合频率的倍频；当电机转速为 1000r/min 时，测点 1 处的峰值频率 100Hz 与环板的 1 阶垂向和水平方向固有频率 98Hz 接近，与箱体输出轴端的轴向固有频率 98Hz 相等，与箱体上面测得的垂向固有频率 105Hz 接近，与输入轴 1 阶固有频率 101Hz 接近。其他的各测点在不同转速下的峰值频率都得出了类似结论。

因此得出结论：在载荷一定、转速不同时，四个测点处的峰值频率有的是出现在啮合频率段或啮合频率的倍频和分频段，有时是出现在零件的固有频率段上。也就是说，对振动贡献较大的是针齿与摆线轮的啮合频率，其次是环板、输入轴、箱体等零件的固有频率。

13.3　噪　声　测　试

13.3.1　噪声与载荷的关系

测试工况为：当电机转速分别为 1000r/min，750r/min，500r/min，250r/min 作用空载、50%载荷、70%载荷、80%载荷、100%载荷时的噪声与频率的关系。图 13.15～图 13.19 为电机转速为 100r/min 时噪声频谱图。

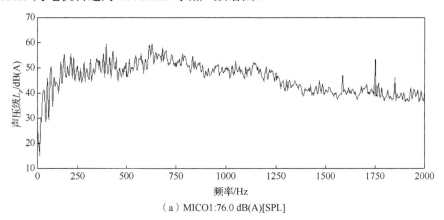

（a）MICO1:76.0 dB(A)[SPL]

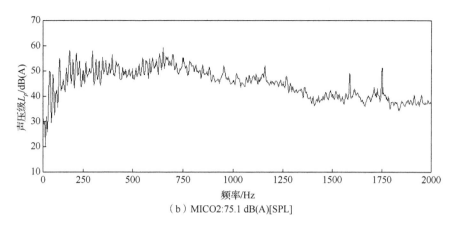

（b）MICO2:75.1 dB(A)[SPL]

图 13.15　噪声频谱图（转速 1000r/min，空载）

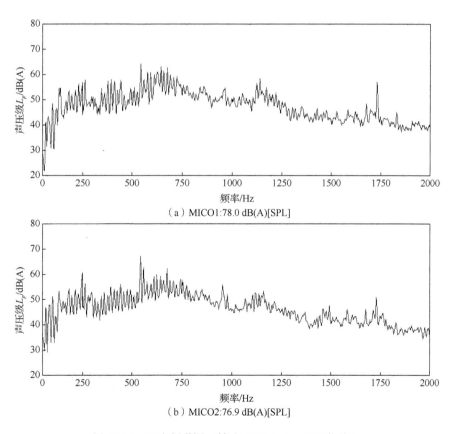

（a）MICO1:78.0 dB(A)[SPL]

（b）MICO2:76.9 dB(A)[SPL]

图 13.16　噪声频谱图（转速 1000r/min，50%载荷）

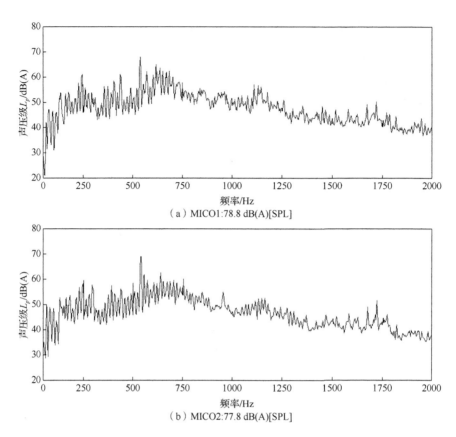

（a）MICO1:78.8 dB(A)[SPL]

（b）MICO2:77.8 dB(A)[SPL]

图 13.17　噪声频谱图（转速 1000r/min，70%载荷）

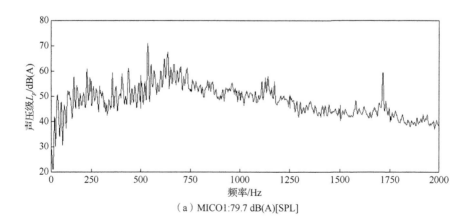

（a）MICO1:79.7 dB(A)[SPL]

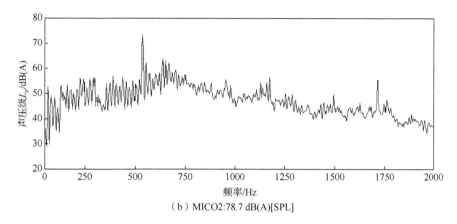

（b）MICO2:78.7 dB(A)[SPL]

图 13.18　噪声频谱图（转速 1000r/min，80%载荷）

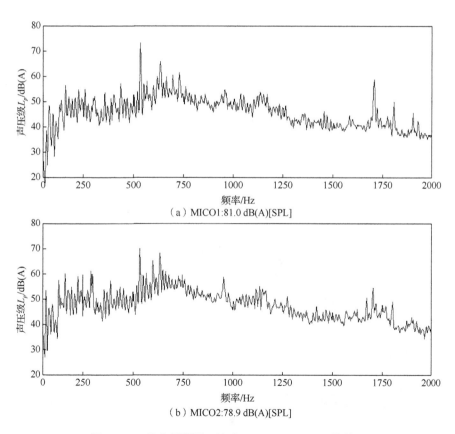

（a）MICO1:81.0 dB(A)[SPL]

（b）MICO2:78.9 dB(A)[SPL]

图 13.19　噪声频谱图（转速 1000r/min，100%载荷）

为便于分析，将同一转速下、不同载荷的噪声频谱图绘制在同一张图上，图 13.20 和图 13.21 是电机转速为 750r/min 和 1000r/min 时，不同载荷作用下的频谱图。由图 13.20 可以看出，当电机转速为 750r/min 时，随着载荷的增大，噪声增加，随着载荷从空载到 100%载荷，噪声在 6dB 幅度内变化。由图 13.21 可见，电机转速为 1000r/min 时，从空载到 100%载荷，噪声变化的幅度比电机转速为 750r/min 时要大，噪声在 15dB 幅度内变化。

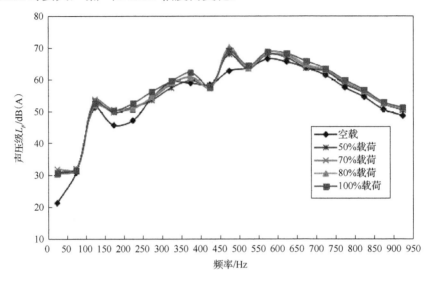

图 13.20　转速为 750r/min 时不同载荷下噪声频谱图

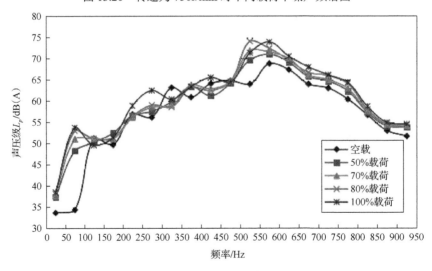

图 13.21　转速为 1000r/min 时噪声频谱图

13.3.2　噪声与转速的关系

本章分析 75%载荷作用下噪声与转速的关系，噪声频谱图如图 13.22～图 13.25 所示。

噪声的主要频段出现在 250～750Hz，当电机转速为 250r/min 时，噪声较小，基本没有尖峰出现，低频段在 40dB 左右，随着转速增加，出现峰值频率为 250Hz，375Hz,600Hz,750Hz 等，噪声明显增加，电机转速从 250r/min 提高到 1000r/min，噪声相应增大了 50dB，说明双电机驱动的针摆行星减速器对噪声影响较大的因素来自于转速的变化，噪声随电机转速的增大而增大。

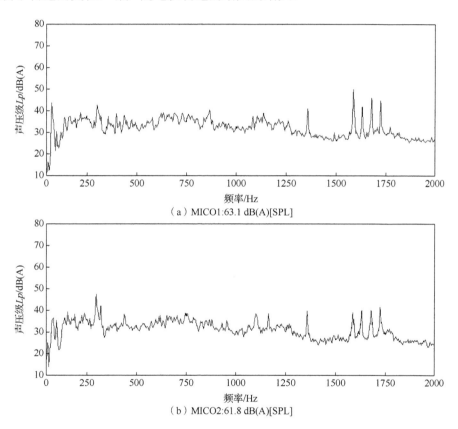

（a）MICO1:63.1 dB(A)[SPL]

（b）MICO2:61.8 dB(A)[SPL]

图 13.22　噪声频谱图（转速 250r/min，75%载荷）

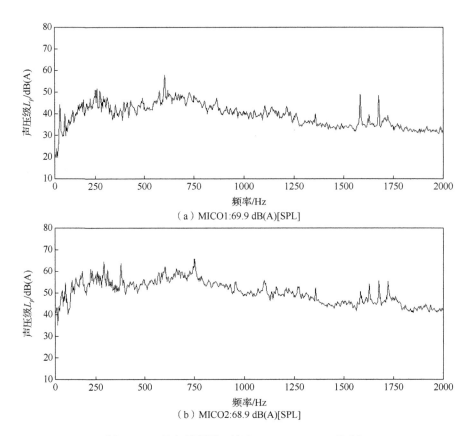

（a）MICO1:69.9 dB(A)[SPL]

（b）MICO2:68.9 dB(A)[SPL]

图 13.23　噪声频谱图（转速 500r/min，75%载荷）

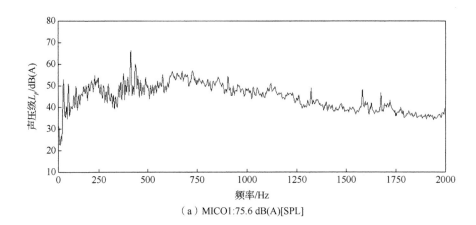

（a）MICO1:75.6 dB(A)[SPL]

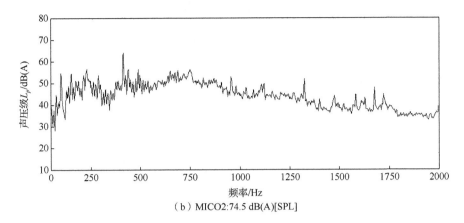

（b）MICO2:74.5 dB(A)[SPL]

图 13.24　噪声频谱图（转速 750r/min，75%载荷）

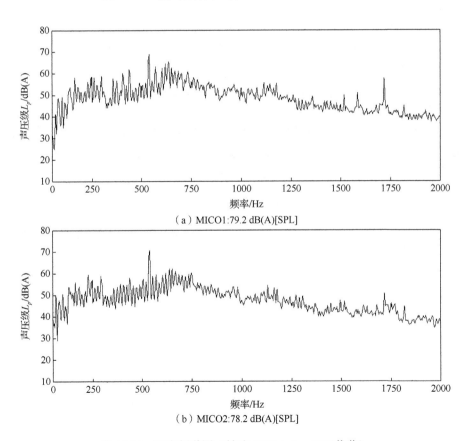

（a）MICO1:79.2 dB(A)[SPL]

（b）MICO2:78.2 dB(A)[SPL]

图 13.25　噪声频谱图（转速 1000r/min，75%载荷）

13.4 本章小结

通过实验对双电机驱动的四环板针摆线行星减速器的振动和噪声进行了测试，分别测试了载荷一定、转速不同和转速一定、载荷不同两种工况下的振动和噪声频谱。振动测试结果与第 2 章模态测试实验结果进行分析对比。通过分析得出以下结论：

（1）在载荷一定、转速不同时，四个测点处的峰值频率有的是出现在啮合频率段或啮合频率的倍频和分频段，有的是出现在零件的固有频率频段上。也就是说，对振动贡献较大的是针齿与摆线轮的啮合频率或其倍频和分频，其次是环板、输入轴、箱体等零件的固有频率。

（2）转速一定的情况下，从空载到 100%载荷，噪声变化的幅度有所增大。在载荷一定时，电机转速从 250r/min 提高到 1000r/min，噪声相应增大了 50dB，说明双电机驱动的针摆行星减速器对噪声影响较大的因素来自于转速的变化，噪声随电机转速的增大而增大。

（3）通过对实验结果进行分析对比，找到振动源和噪声源，给新样机的研制提供参考。

（4）系统存在啮合齿频振动，理论分析与实验测量结果基本一致，进一步从实验上证明了啮合刚度、传动误差是引起振动的主要因素，也说明第 3 章所建立的动力学分析模型基本能够反映系统的动态特性。

参 考 文 献

[1] 何卫东，李欣，李力行. 双曲柄环板式针摆行星传动降低振动与噪声的优化设计与实验. 机械工程学报，2010，46(23): 53-60.